世界農業食料貿易構造把握の理論と実証

フードレジーム論と食生活の政治経済学の結合へ向けて

磯田 宏

筑波書房

目　次

I　問題の起点と本書の目的[1]

　21世紀，とりわけ2010年代以降の世界農業食料貿易において注目すべき巨大な変化を二つあげるなら，第一が，アメリカの農畜産物・魚介類（以下，農魚介類）貿易の世界第2位の輸入国化かつ純輸入国化である（**図1**）。輸出額を上回る速度による輸入額のほぼ一貫した増大が純輸出額を減らしてマイナスに導く傾向は既に1990年代後半から顕在化していたが，それが2007～2014年の世界食料価格危機（それによるアメリカ輸出農畜産物の価格暴騰）で一時的に伏在化し，その後に再顕在化したと言ってもよい。

　第二が，中国の農魚介類輸入激増と世界トップ化である（**図2**）。

　これら二つは今日の世界農業食料貿易に巨大な輸入市場＝需要が形成されていることを意味し，言うまでもなくそれらに供給する側の変化，とりわけアメリカとの関係ではメキシコなど，中国との関係ではブラジルなどの貿易・輸出構造の変化と表裏一体である。またその他にも従来の先進資本主義純輸入諸国や新興農業（輸出）諸国，さらに国連の分類による「後発開発途上国」「低所得食料不足国」「食料純輸入途上国」[2]を含む，全世界的な貿易状況にも注目すべき変化が生じている（筆者はこれらを総じて「世界農業」化──そこには漁業も含む──と呼ぶ詳細は後述）[3]。

　本書は，(1)このうち「現局面」をもっとも象徴すると考えられる少数の

（1）本書は，日本農業市場学会2021年度大会シンポジウム（論題「グローバル化とローカル化の相克と新たな連携」）における筆者の報告「国際農業食料貿易構造の現局面とメガFTA/EPA」をベースに，それを分割する形で公表した磯田（2021b）（2023b）を統合しつつ，理論的枠組み構築に関する叙述（第Ⅱ章）を大幅に加筆，また実証分析についても一部データを更新して加筆して，筆者の意図するフードレジーム論と食生活の政治経済学を結合する理論的かつ実証的試みの第一段階的なステップを包括的に公表し，関係アカデミアにおける批判と議論を乞うことを目的としたものである。

図1 アメリカの農魚介類全体貿易額の推移（1990〜2020年）

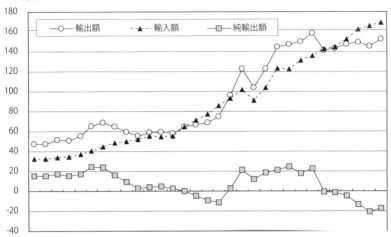

資料：FAO, *FAOSTAT*, and FAO, *FishStatJ: Global Fish Trade.*
注：ここでの魚介類には粕・水生植物等を含まない。

図2 中国の農魚介類全体貿易額の推移 （1990〜2020年）

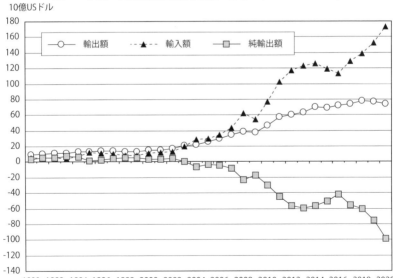

資料と注：図1に同じ。

諸国を主対象に（「現局面」という歴史的規定をいかなる理論的分析枠組みと基準で与えるのか自体が重大な論点だが），（2）それを①主として19世紀終盤から今日に至る農業食料国際分業の構造と動態を資本主義の世界的蓄積構造の歴史的発展段階との照応性において分析する理論枠組みの一つであるフードレジーム（FR）論と，②その各FRが形成・展開する関係諸国における食生活の政治経済学的分析を図る若干の理論的提起（「食生活の政治経済学」と呼んでおく）を結びつける形で参照・援用して，「現局面」の構造がもつ特徴と到達点を明らかにしようとする試みである。

　①と②の分析視角の結合を意図する理由は，次節で概観する国際的な農業食料政治経済学の議論がそのように展開しているからだが，それが有効性を持つだろうと考える端緒的根拠は，（A）特定の時代・諸国・経済社会諸階層が直面する農業食料国際分業諸関係は，その上で営まれる諸国民・諸階層の食生活（ここでは基本的に諸食品の特定の組み合わせによる食料消費パターンに限定する）と表裏一体であること，（B）労働者を始めとする経済社会諸階層の階級的再生産を食生活の側面から確保する（総資本の蓄積）と同時に，その食生活の形成・展開自体を利潤獲得機会にする（農業食料関連資本の蓄積）という二重の意味で資本による農業食料の包摂が進行するが，その過程で①と②が重要な契機であり結節環になっているからである。

　こうした企図を含むのではあるが，本書はそうした理論的枠組み提示と実

（2）分類は2016年時点で，このうち「後発開発途上国（Least Developed Countries）」は国連開発計画委員会が設定した基準によるもので，1人当たりGNIが1,025ドル以下，人的資産指数（5歳以下死亡率，栄養不良人口比率，妊婦死亡率，中等教育就学率，成人識字率の組み合わせ）と，経済脆弱性指数（人口規模，遠隔性，輸出率，農林漁狩猟業GDP比率，低地沿岸部居住人口比率，財・サービス輸出不安定性，自然災害犠牲者率，農業生産不安定比率の組み合わせ）とを総合した指標で定義される。「低所得食料不足国（Low Income Food Deficit Countries）」は低所得で直近3ヵ年のカロリー換算した食料の純輸入国である。

（3）筆者がこれまで「世界農業」化の概念と実態について触れたものとしては，磯田（2017）（2021a），磯田・安藤（2019）。

証の第一ステップ的な試みにとどまる。したがって考察の深みと分析の拡がりになお制約をもつことになるが，それらへの論評・批判を受けてさらなる展開への手がかりを得ることができれば幸いである。

Ⅱ　分析の理論的枠組みのために
—国際的な農業食料政治経済学の展開を参照して—

1　フードレジーム論

（1）フードレジームの概念と二つの段階

　国際アカデミアにおけるFR論の展開について筆者は過去に２回，比較的詳細なサーベイを行なっているので[4]，ここでは摘要と加筆を行なう。

　FR概念，したがってFR論を最初に体系的に提示したのがFriedmann and McMichael（1989）であり，それを補強したのがFriedmann（1991），McMichael（1991）などである（以下「当初のFR論」と略称）。それらのエッセンスを要約すると，まずFRとは国際的な農業・食料の生産と消費の体系を構成する国際分業のありようの歴史的存在形態であり，それを資本主義的発展の時代を画する蓄積諸様式に結びつけた概念である。

　具体的にはまず19世紀後半から20世紀初頭にかけて資本主義の世界的基軸をなしたのはイギリスとそれに続く西欧諸国であり，その蓄積様式の特質は繊維産業とそれに労働手段を提供する製鉄・機械工業を中心に，資本・賃労働関係とその生産物商品市場を量的・地理的に拡大することを枢要としていた。これに照応して編制されたのが第１FR（1870～1914年）であり，アメリカを典型としオーストラリア，ニュージーランド，アルゼンチンにも共通する欧州白人植民者農業輸出産品（小麦と牧草飼養型牛肉・羊肉）という労働者階級向け賃金財食料の低廉な西欧向け輸出と，欧州列強植民地農業からの砂糖，植物油，バナナ，茶，コーヒー，煙草など労働者消費用および綿花，木材，ゴム，藍などの工業原料用熱帯農産品の対西欧輸出という，２つの農業食料貿易フローを軸としていた。

（4）磯田（2016）第１章と磯田（2019）のpp.44-60。

なお，なぜこれが「第1」FRかというと，それ以前の大航海・重商主義時代の特産品・奢侈品中心的貿易と違って産業資本の労働者階級向け主要食料の世界規模の分業・調達体制であり，かつそうした本質的な生活手段（必需品）としての食料が，それゆえに支配者の責任において「公正価格」で供給されるべきであるという信念・因習が1846年穀物法廃止によって「終わりの始まり」を遂げ，初めて価格が支配する世界市場が登場したからとされる（Friedmann 2005a, pp.125-126）。

　「第一次世界大戦による貿易の中断，戦後農業不況・大恐慌による第1FRの危機と世界小麦（農産物）市場の崩壊」という「移行」期を挟んで（Friedmann 2014），第二次世界大戦後にアメリカ覇権下で編制されたのが第2FR（1945～1973年）である。戦後資本主義はブレトンウッズ（IMF・GATT）体制を国際枠組みとして，先進資本主義諸国がアメリカの軍事インフレ的財政拡大およびそれに沿った各国的財政支出政策と，生産性上昇内での賃金上昇による有効需要拡大を受け皿とする，大量生産大量消費型の重化学工業拡張という蓄積様式を基軸とした。これに照応し支える農業食料国際分業諸関係は，アメリカの冷戦型農業食料政策とアメリカ系多国籍アグリフードビジネスに主導された越境的に展開する，基本的に3つの「農業食料複合体」で構成された。ここで「農業食料複合体」というのは，「農業の工業化」の進展，すなわち一方で農耕（farming）が工業的な投入財と外部信用への依存を深め，他方で農産物もますます工業的加工製品の原料になり，生鮮農産物であっても巨大小売・外食産業への投入財になることで，農業投入財，農業，加工諸段階，流通・貿易諸段階が「農業食料セクター」という一つの統合されたセクターに転形し，国家をまたいで展開している事態を表現するためである。

　その第一が「小麦複合体」であり，アメリカ余剰農産物の「援助」小麦が敗戦国および多くの旧植民地途上国に送り込まれ，後にますます商業輸出化していくが，それは単なる小麦商品の輸出としてだけでなく製粉業－製パン業－パン消費という越境的な産業連鎖・食料消費パターンの移植だった。

　第二が「耐久食品複合体」である。先進資本主義諸国における実質賃金上昇は，多種多様な戦後的加工・調理食品の普及を可能にした。ほとんどの加工・調理食品で甘味料と油脂が原料となるが，それを第1FR下の甘蔗糖とパーム油という植民地熱帯産品から欧米国独資農業政策で保護された甜菜糖，トウモロコシ甘味料，油糧種子に代替しながら大規模・多国籍企業が生産・流通させるようになったのが，この複合体である。

　第三が「集約的畜産・飼料複合体」である。1930年代以降にアメリカで推進されたハイブリッド・トウモロコシと大豆の増産と，戦時食肉供給政策として開発・奨励された集約的で科学的に管理された連続的生産しての工業的家禽飼育システムが，配合飼料産業を結節点に結合される体制を端緒とした。それが戦後に，一方のトウモロコシ・大豆生産が資本集約的専門的耕種農業へ，他方の工業的家畜生産が肉豚，肉牛，酪農へと広がることによって，大規模でさらに越境的な複合体を形成した。

　以上を主たる構成要素とする第2FRは，1970年代に冷戦体制の解体とともに終焉していく。ブレトンウッズ国際通貨体制の崩壊にもかかわらず垂れ流されるドルと，「東西緊張緩和」下での旧ソ連による突発的穀物大量買付が，食料価格高騰（1973年食料危機）をもたらした。これが米欧農業の増産を刺激するとともに新興農業輸出諸国（NACs）を台頭させたことで，1980年代の世界的農産物過剰と「貿易戦争」「輸出補助金戦争」へと転形され，これらがアメリカ基軸の第2FRを解体していった。

　以上のようなFRの基本概念とその第1段階，第2段階までの理解について，FR論を積極的ないし批判的に展開する諸論者の間で，非常に大まかには合意が形成されていると見ることができる。

　例えばAraghi（2009）は，当初のFR論が食料と帝国主義の諸関係について秀逸な世界史的分析を企図しながら，①資本主義の世界史的画期把握においてレギュラシオン学派の諸概念を持ち込んでしまったことで，②例えば植民（地）農民から帝国主義的メトロポリタン労働者向けへの自己搾取または強制労働による安価農産物供給や，非農民化（depeasantization）・非所有者

化（dispossession）された農村住民の膨大な過剰人口化と，それらをつうじた相対的・絶対的剰余価値生産の増大というグローバル価値諸関係の分析が不明確になったと批判する。つまりレシュラオン（調整の様式・制度）よりも価値諸関係に焦点を当てるべきだとして，自らは農業と食料を世界規模における資本蓄積の分析に組み入れる理論的基礎として，農業と農村労働力をめぐる価値の生産，移転，分配のレジームである，資本のグローバル・フードレジームを概念化する。

　そこから打ち出される資本のグローバリゼーションと農民問題の世界史的時期区分は，【第Ⅰ期：1492 〜 1917年の本源的蓄積と植民地自由主義グローバリズム，うち植民地エンクロージャーとイングランドの元来的本源的蓄積からなる第 1 段階1492（コロンブス西インド諸島到着）〜 1834年（新救貧法による「院外救済」＝現金支給の廃止）と，植民地自由主義グローバリズムからなる第 2 段階1834 〜 1917年（イングランド支配階級の牛肉消費を満たすことに起因したアイルランド大飢饉，イングランド向け小麦や周辺植民地向け米のインドからの飢餓輸出が端緒的に例示する資本のフードレジーム時代の到来）】，【第Ⅱ期：1917（ロシア革命）〜 1973年（ベトナム対米戦争勝利）の長期の一国的開発主義（植民地自由主義グローバリズムが招いた危機と革命に対する資本の改良主義的・例外的撤退時代）】，【第Ⅲ期：1973年〜のポスト植民地新自由主義グローバリズムの時代で，前期の一国的開発主義の諸矛盾（途上国のいっそうの独立と資源主権台頭），先進国のケインズ主義の諸矛盾（労働者への譲歩が一因となった賃金インフレ・利潤圧縮，低賃金諸国とのグローバル競争での劣位化）から，先進諸国内でのケインズ主義と国外での一国的開発主義の両方が資本蓄積と両立できないと見なされて破棄され，新自由主義グローバリズムへ転換＝復帰する】，である。

　以上をよく見ると，当初のFR論で空白になっているの両大戦期の扱いなどに相違点がありつつ，FRの二つの段階的展開の理解に共通点があること

（5）Bernstein（2016）はAraghiの時代区分，とくに第Ⅰ期第 1 段階の長さは，当初のFR論における第 1 FRに対してかなりの「特異性」を持つと評価している。

が判る[5]。

　また，後のMcMichaelによる第3FR＝企業FR論とオルタナティブとしての小農民（peasant）主導の食料主権という「二項対立」に厳しい批判を与えるBernstein（2010）（2016）も，「ローカルな農耕farmingから工業化時代にグローバルな分業と統合に組み込まれる農業agricultureへ」の世界史的画期区分に第1国際FR（1870年代〜1914年），自由貿易から保護主義へ（1914年〜1940年），第2国際FR（1940年代〜1970年代）と開発主義時代の農業近代化（1950年代〜1970年代）というように，当初のFR論とその時代区分を肯定的に取り入れている。

（2）ポスト第2FR＝第3FRをめぐって

①企業−環境FR説

　しかしポスト第2FRについては，議論が多岐に展開し収斂に至っていない。
　まず当初のFR論提起者のうちFriedmann（2005a）は，既存FRに対する食料の安全性と健康への影響，環境問題，資源枯渇，動物福祉，途上国との交易上の懸念が，先進国の富裕消費者・市民から提起されるようになり社会諸運動となったことを，あらたなFR形成の動態にとって中心的な契機と捉えた。資本の側はそれら問題提起・要求のうちから，自らの市場機会と利潤拡大に適合的なあれこれの要素を選別的に横奪し（selectively appropriating），それを新たな蓄積機会に転形する「グリーン・キャピタリズム」が台頭したとする。ここで提起された「企業−環境FR」（corporate-environmental food regime）とは，グリーンキャピタリズムとしての私的資本が再組織化した超国籍食料サプライチェーンを軸に形成されんとするFRである。その一つの重要な含意は，「企業−環境FR」が一方にグローバル富裕消費者向け超国籍食料サプライチェーンを形成したと同時に，他方で貧困消費者向けに「高度に工学的に改変engineered，変性denatured，そして再構成されたreconstituted原料を含む標準化された可食諸商品edible commodities」を供給する別種の超国籍食料サプライチェーンが併行して形

成された（されざるを得ない）ことも示唆したことである。つまり「階級的食生活（class diets/class differentiated diets」とそれを支える複数のサプライチェーンに着目した[6]。この階級的食生活は食生活の政治経済学の鍵概念となる。

　もう一つの重要点は，しかしながらFriedmannはその後の諸論稿も含めて第3FRの「成立」を言わないことである。その理由の第一は，例えばFriedmann（2009）によるとFRの「成立」「確立」のために不可欠である安定的な制度基盤が，強大な覇権国家不在によって与えられていないからだとする。強調されるのが一定の強固さを持つ安定的な国際通貨制度である。第二は，「企業−環境FR」が本当に消費者・市民の懸念の解決を求める社会運動を鎮静化できるかは「闘いは継続している」ので未だ不透明だからである。前者について筆者は，FRを「資本主義の世界史的諸段階における基軸的蓄積様式に照応して編制され，かつそれを担う諸資本（農業食料複合体）の蓄積機会をもつくりだすところの，国際農業食料諸関係」と規定する原点に立ち返るなら，それは「覇権安定期」以外の時期にも当然存在しえた（しうる）と考える[7]。

②出所判明FR説と金融化FR説

　Campbell（2009）は，かかる「企業−環境FR」説を引き継いで，富裕消

（6）既にFriedmann（1993）で，付加価値食品，ファーストフード，および耐久食品へと終わりなく分化していく階級的食生活，ということが指摘されていた。
（7）例えば平賀（2019）は，明治期以来の財閥系搾油企業が満州大豆を原料とする機械制大工業型搾油工場を現地に，次いで日本に建設・配置し（海工場），一方で満州産大豆→油粕肥料商品化→『米と繭』型農業から抽出される生糸・絹輸出と資源・重工業製品輸入で日本資本主義の再生産を支え，他方で大豆油の軍需・産業需要創出→その延長線上にアメリカ産原料大豆→海工場搾油→多彩な食用油関連製品開発・市場浸透によって自らの資本蓄積機会を柔軟に展開した過程を解明したが，これは強大な覇権国が提供する国際通貨制度の有無や安定・不安定を超えてFRとその担い手としての農業食料複合体が存続展開することを，批判的に実証した側面を持っていると言える。

費者向けの巨大スーパーマーケット主導型サプライチェーンを「出所判明（Food from somewhere）FR」と位置づけ，それがMcMichael（2005）などが指摘した，WTO設立を契機とする国民的食料規制の弱体化と調達源の無限の代替可能化によってローカリティを奪われた（抽象化abstractionされた）「世界農業」を基盤とする「出所不明（Food from nowhere）FR」よりも，監視・検査・トレーサビリティに基づく環境，食品安全，農業生産者状態（交易公正性）等への濃密なフィードバック機構を備えているが故に，出所不明FRの支配に風穴をあけてオルタナティブを企図する社会運動により大きな力を与えうると評価した。しかしグローバルに富裕層と貧困層が併存する以上，「出所判明」が「出所不明」に自然史的・一方的に取って代わることはあり得ないだろう。

　また「第3FR＝グローバル・スーパーマーケットFR」説（Burch and Lawrence 2007）を経て，資本主義の金融化がFRに及ぼす多大な影響をふまえた事実上の「第3FR＝金融化FR」説を打ち出したのが，Burch and Lawrence（2009）だった。それは一方で金融機関が食料先物市場への投資やアグリビジネスのM&Aへの積極的介入などをつうじてますます農業食料システムに入り込み，他方でグローバル・スーパーマーケットを典型とするアグリビジネス側も自社・自社グループ内に金融事業部門を創設・拡大していることを捉えたものだった。

③企業FR説とそれへの批判

　これらのポスト第2FR議論が展開する中で，McMichael（2005）は新たなFRとして「企業FR（Corporate Food Regime）」が「成立」したと主張した。それは第2FRとは逆に国家もまた企業と市場に従属・奉仕させられるグローバル新自由主義とグローバル開発プロジェクトの下で，先進諸国による農業ダンピング輸出，債務諸国への構造調整プログラム強制，WTO農業協定をテコにして，経営内・国内自給的生産を掘り崩され，さらに非所有者化によって膨大な非正規労働者化・産業予備軍化された途上国小農民達が，

経済金融化で急速に集中化した超国籍アグリビジネスによって「比較優位」部門へ再編特化された輸出向け「世界農業」の労働力供給源に転化されるという過程を基底にもつ。しかしこのような「世界農業」への強行的再編が，必然的にそれへの対抗運動・軌道としての小農民主導の「食料主権」を生み出したとする。

　以上をふまえてMcMichael（2009）（2013）で，（ア）企業FRが1980年代〜1990年代と2000年代以降という２つの局面を経ている，（イ）その第２局面において，米欧のアグロフュエル政策，膨大化した過剰貨幣資本の農産物・食料市場への投機的流入，同じく過剰貨幣資本を原資とするアグリビジネスの統合・集中化（それによる独占価格設定力）が進展し，（ウ）それらが相まって，まさに「企業FR」の矛盾の産物として世界食料価格危機が作り出されたとする。

　さらに「企業FR」への「食料主権運動」「農民の道」の対置や意義強調が，「資本（テーゼ）対小農民（アンチテーゼ）の単なる二項対立論」，「近代資本主義史で繰り返し登場した農業ポピュリズムagrarian populism」，「農民ポピュリズムpeasant populism＝チャヤノフの遺産への転回peasant turn」であるなどとするBernstein（2009）（2010）（2016）の批判への反論としてMcMichael（2016）では，（A）企業FRの措定は「農業問題」を，生態系存続，不安定な労働力循環，諸国家の民営化，金融化，知的財産権，気候変動緩和などの諸問題を含む「グローバル規模での社会的・環境的運命」へと再構成（拡張）する意図である，（B）したがって「食料主権」運動を重視し対置しているのも，それが全社会と生態系を不安定化させている新自由義的な資本主義諸制度と諸政策に対する代替的な世界ビジョンを提起しているからである，としている（pp.648-650）[8]。

　企業FR論への別の角度からの批判として，第３FRが成立したという認識を共有しつつ，それは「企業FR」ではなはく「新自由主義FR」と規定すべきという議論がある。McMichaelがこれを「企業FR」と規定する理由は，McMichael（2016）でも強調しているように，前時代（第２FR）の国家が

12

市場を奉仕させる（例えばアメリカ国家はその覇権目的遂行のために，また諸国国家はその一国主義的開発目的遂行のために，市場に介入しそれを利用していた）関係が，新自由主義時代に逆転したという根本的変化・移行を見落とさないためだという。そこから第3FRの基本的緊張も超国家的経済とローカル経済の間のそれであるとして，ナショナルなものの位置づけがほとんど無視されている（McMichaelが一貫して絶賛しまた自身の理論構築の不可欠の要素として依拠する食料主権運動は国民国家的な農業食料政策と食料

（8）Bernstein（2016, p.639）は，これら「矛盾論なき二項対立論」「農業・農民ポピュリズム」という論点に関連して，「企業FR」対「国際農民運動が中心となる食料主権」といシェーマが，農業食料をめぐる「悪い」諸傾向はもちろん，企業権力，ランドグラブ，栄養問題，健康破壊，生態系破壊，気候変動など今日の余りに多くの諸問題が「企業FR」におけるアグリビジネスと企業農業の「決定的な悪行」の責に帰されるというテーゼ，それへのアンチテーゼとして小規模農民の「美徳」がアプリオリに対置されることで（これらの方法論的問題点を，非常に多くの負の現象がテーゼを「検証」するためにますます一括的に融合されてしまう「スポンジ効果sponge effect」，多くの「証拠」が提示されるがそれぞれについて疑問を呈することがほとんどなくて最悪の場合説明すらされなくなり，テーゼについての全面包括的な因果物語の中へ現在の歴史の説明を平板化してしまう「ロードローラー効果steamroller effect」，これらの結果今日の企業フードレジーム・プロジェクトが現代の余りに多くの問題を包含していて，ほとんどあらゆる人々にとって関連するという理論状況を生み出す「認識効果recoginition effect」と呼んでいる），複雑で矛盾に満ちた現実の分析が置き去りになっているのではないかという批判的疑問も投げかけている。筆者は，「今日の地球規模の極めて広範な諸問題の根源が企業FRとアグリビジネス資本」であるかのような議論がFR概念（分析）の「ブラックホール化」の，また「それらにほぼ全面的な対案を示し克服するのが小農民主導の食料主権運動」であるかのような議論がその「オールマイティ化」の危険をはらむものではないかという疑問を，Bernsteinと共有している（磯田2019, p.57）。

　なおBernsterin（2016），McMichael（2016），およびFriedmann（2016）は，The Journal of Peasant Studies 43（3）で組まれたフードレジーム論の到達点と今後の可能性を探る特集を構成する論文であり，それについてはバーンスタイン，マクマイケル，フリードマン／磯田監訳（2023刊行予定）も参照されたい。

確保の決定権を最優先課題の一つにしているにもかかわらず）。

　だから「世界農業」（路線）に対置されるのは筆者のように「国民的農業」（路線）ではなく，「場所に根付いたアグロエコロジーの形態a place-based form of agro-ecology」とされる（pp.661-662）。

　これに対し例えばOtero（2018）は，（a）新自由主義はしばしば言われるように国家による規制の緩和・撤廃ではなく新自由主義アジェンダを強制する一連の国際的および各国的法令という新規制であり，（b）だからこそ第3FR＝新自由主義FRと規定すべきで，そこでの最もダイナミックなファクターも国家である，（c）企業FR論は世界経済・グローバル枠組みとその受益者としての企業だけが過度に強調されて，国民国家やその下のレベルの社会的エージェンシーがブラックボックスになっている，と批判している（pp.37-38）。筆者もこの批判を共有する。

④FR（FR分析）の終焉？

　Bernstein（2016）は，食料の生産・貿易・消費における全ての悪い傾向が（さらにはグローバルな社会・環境問題全般までもが），企業FRを構成するアグリビジネスと企業農業の決定的な悪行（vices）の責に帰せられ，それを打開するものとして小規模農民の美徳（virtues）が単純に対置されていることを問題視している。筆者もMcMichaelのこうした議論は，企業FRのブラックホール化（問題は何でもそこに帰す）と，それに対置される食料主権運動のオールマイティ化（問題は何でもそれが解決する）に陥っているのではないかという疑問を共有する。

　Friedmann（2016）は上記二人の論争を小括する中で，企業FRおよびそれと食料主権運動の対抗を主唱し，結末は，前者が勝利して人類は破滅的な混沌に陥るか，後者が勝利するかだとするMcMichaelと，それを真っ向から批判して「資本が農業を従属させた」「資本の農業問題は解決された」とし，したがって論理的には「資本蓄積において農業セクターだけを抜き出したり特別扱いする理由などなくなってしまう」となるBernsteinの両方が，実は

FR分析の有用性の終焉という共通した帰結を含意していると批判的に指摘している。筆者が一つ付言すると，強大な覇権国の下での安定した国際通貨制度なくして新たなFRの「成立」が言えないとするなら，Friedmannもまた同様の帰結を含意していることにならないだろうか。

⑤FRの最新局面

　以上に素描したFR論の展開をふまえて，筆者はポスト第２FRについて，以下のような仮説的理解を提示した（磯田2021a）。すなわち，①先進資本主義諸国の高度成長の終焉とブレトンウッズ体制の崩壊を契機とし，1970年代を移行期として第３FRが形成されている，②それは1980年代からの新自由主義グローバリゼーションとそれによって促進された経済の金融化ならびに「生産（製造業）のアジア化・中国化」という新しい蓄積体制への移行に照応した新たなFRであり，③その第一局面（1980〜90年代）は，多国籍企業（機能資本）の事業活動世界化と，それを支援するために国家や超国家機関が冷戦体制下の国家独占資本主義的・ケインズ主義福祉国家的な諸政策・諸制度をことごとく改廃して，多国籍企業の営業の自由と最大利潤の追求に最適な市場と制度を世界化する過程に照応しており（その到達点としてのWTOと農業関連協定），④第二局面（2000年代以降）は，世界資本主義の基軸的蓄積体制として「金融化」と「生産の中国化」が全面展開する過程に照応しており，⑤コモディティ・インデックス市場への農産物・食料先物の組み込み，アグロフュエル産業の大拡張政策，これらを大きな要因とする食料価格暴騰が生み出したランドグラブなどの形態で，過剰貨幣資本の活動・蓄積機会を創出しつつ金融化と中国の「世界の工場」化に照応し支えるようになった，と。

　それと前後して国際農業食料諸関係における中国のプレゼンスの巨大化という事態を受けて，McMichael（2020）は，「FR（分析）の終焉」ではなく，さらなる新局面の到来可能性を示唆する検討を行なっている。すなわち，(ア)「生産と消費の中国化」が生んだ中国中心型農業輸入複合体が21世紀に

なって深化し，（イ）中国政府＝共産党が内陸糧食基地政策等による「穀物自給」をこえて「国際食料市場と農業諸資源の積極的活用」を打ち出し，ソブリンウェルスファンド・国有銀行・国有企業を使った対外融資・対外投資（「走出去」）や一帯一路プロジェクトなどをつうじてアジア，ラテンアメリカ，アフリカで現在または将来の対中輸出を見据えた集約的な農業開発を引き起こしている，（ウ）かかる中国の食料安保目的の動きは「国家中心型新自由主義」モデルであり，WTOが創出・担保した農産物自由貿易市場と既存の多国籍アグリビジネスネットワークを補完的に利用しつつも，WTOスキームをオフショア大規模農業開発・農地取得という非市場的・非自由貿易主義的手法で迂回する「農業食料安保重商主義」である，（エ）農業食料貿易フローとしては「南－南貿易」（ブラジル・東南アジア・旧ソ連→中国）が「北－南」貿易（穀物・油糧作物・畜産物の米欧先進諸国から途上国への輸出）を凌駕するトレンドが生まれてきつつある，（オ）これらが次のFRモデルを予兆しているかは不明だ，としている。いっぽうBelesky and Lawrence（2019）は，（a）中国国家資本主義は自由主義的レッセフェールとは異形の資本主義で，（b）農業食料セクターやエネルギー部門などで国家

（9）なお両者の「中国台頭」論説は，今日における世界農業食料貿易構造のいまひとつの巨大な変化であるアメリカの，中国とならぶ世界最大の農魚介類輸入国化と純輸入国化を含めずにFRの移行有無如何などを議論しようとしているところに，問題を残している。
　　また薄井（2021）は，中国がアメリカ農産物依存からの脱却という意図・願望とは裏腹に，一方で短期的にはアフリカ豚熱の蔓延，中長期的には国民所得増大下での食肉と油脂およびそれらの飼料・原料消費の激増（という皮肉な食生活の「アメリカ化」），他方でのトウモロコシ，大豆，豚肉世界市場におけるアメリカを含む供給寡占化ゆえに，足元でアメリカ依存を強めざるを得ない状況が進行している（それによって米中貿易摩擦戦争が「終戦」していないにもかかわらずアメリカ農業が潤いつつある）こと，さらにバイデン政権はEU等との共同歩調によるWTO等の世界的貿易ルールへの国境炭素税導入によって「ブラジル－中国」（大豆）ラインに掣肘を加えようと企図していることなどを指摘し，「中国的FR」への移行が中国自体の内在要因とアメリカの強烈な逆挑戦によって容易には進まないことを示唆している。

が枢要な指令・制御機能を担う新重商主義戦略をとり，FRにおけるパワー諸関係を再形成しつつある，(c)その結果「新自由主義・企業FR」との規定は不適確になり，「今日のFR」は流動化して多極化へと向かう「移行期」「空位期間」を迎えている，というより踏み込んだ議論を提示している[9]。

　このように把握・提示された「中国中心型食料輸入複合体の台頭」を，本書でさし当たりは上述の④，すなわち第3FR第二局面における最新の動向と位置づけておきたい。

2　食生活の政治経済学
　―工業的・新自由主義食生活論，食生活レジーム論，階級的食生活論をめぐって―

（1）FR論と食生活の政治経済学的分析結合の提起

　本書がFR論と食生活の政治経済学の結合を図ろうとする根拠・目的は第Ⅰ章で触れた。

　近現代諸FRが，それに固有の食生活をいかに，どのようなものとして創出し，あるいは深化・展開させることを通じて，資本による食と農の包摂をトータルに進めたかという問題の所在は，例えばFriedmann（2005b）が比較的早い時期に提起していた。すなわち第1FRは，従前の小農民達が享受していたような園芸品目や野生食料を伴う多様性を欠いた，「小麦－牛肉（ローストビーフ典型）型」（それを植民地産品由来の砂糖・紅茶・ココアが補完する）食生活への単純化とそのグローバル化だとした。かかる食生活広範化の技術的基礎は，鉄製ローラー製粉機（アメリカ大陸や豪州産硬質小麦の大量製粉を可能にした）と冷蔵庫（それら諸国産未加工食肉の大洋横断輸送を可能にした）だったが，全粒ではない白製粉パン，工業的ビール，砂糖入り紅茶とジャム，若干の缶詰食品という食生活内容は，量的には「豊富」でも栄養的には低質化した食生活だった。

　第2FRは，まずこの「小麦－牛肉型」食生活を主として3つの方式で増

進した。①アフリカ，アジア，ラテンアメリカの旧植民地途上国が，アメリカが構築したFR下での補助金つき輸入を受け入れ，自国小農民を犠牲にしながら都市部消費者の小麦嗜好を増進した，②連合国（アメリカ）占領下で日本は戦前のアジアからの米輸入をアメリカからの小麦と飼料輸入へ転換した（させられた），③欧州もアメリカ型の共通農業政策を形成・強化して域内の小麦・畜産物を増産し，ついには輸出地域へと転じた。

さらに第2FR下で最も顕著な進展は，油脂，甘味料，増粘剤，香味料など多くの代替可能農業原料，さらには代替化学合成物質によって構成される新たな工業製品可食商品の増殖だった。

以上から，（A）第1FRはかなりの程度それに固有の「小麦−牛肉（＋砂糖入り飲料）型」食生活を生み出し，かつグローバルに広めた，（B）第2FRは一方で第1FRが生んだ「小麦−牛肉型」食生活を旧植民地諸国・敗戦国などにいっそう広範化させ，他方でかなりの程度固有の「高度工業的再構成可食商品」を増殖させた，というFRとグローバル食生活の段階的照応関係を提示したと言える。

またDixon（2009）は，（ア）第1FRで多数の労働者を安価な食料で高い生産性（あるいは長時間労働・高強度労働）に駆り立てるために，動員された栄養学によって強調されたより多くの蛋白質と脂質の摂取の方法として安価で脂身の多い肉を使ったスープとシチューが推奨・普及された，（イ）またカロリー，蛋白質，脂質という基本栄養を含む「保護食品」を全ての人々がアクセス可能にすべきとした栄養学者の提言が第2FRでのアメリカ余剰農産物「援助」「ダンピング輸出」体制とそれへの超国籍企業の合流の正当化に用いられた，（ウ）このように帝国的世界秩序は「帝国的カロリーimperial calories」と「帝国的蛋白質imperial protein」によって支えられたのであり，（エ）さらに第2FRでは栄養学がビタミンなどの微量要素の重要性とカロリー過剰摂取による病的肥満を問題視するにつれて，バイテク・医薬品・アグリフード企業が主導して栄養付加食品や機能性食品の開発・普及，生鮮野菜果実の「健康・高付加価値食品」としての増進が図られている，こ

とを指摘した。つまり「栄養科学」が「望ましい食生活」の「指針」のために動員され，それが各FRの構築・広域化・深化に寄与している関係を明らかにした。

（2）工業的食生活と食生活レジームの提起

　これらをふまえつつWinson（2013）が，資本による食・食生活の包摂およびそれがもたらす後者の変質・劣化による健康被害の近現代世界史的な展開と打開方途を探る，一つの食生活の政治経済学体系を提示した。ここでは，そのうちの鍵概念となっている「工業的食生活　Industrial Diet」と「食生活レジーム Diet Regime」を摘要して，本書への援用を図る手がかりとしたい。

　同書の直接的問題背景は今日の「グローバル病的肥満危機the global obesity crisis」に体現される食生活による健康破壊の原因と克服方途を探ることにあるが，特定の食生活は基本的には人々がそれを「選択」せざる得ない（あるいは選択してしまう）「食環境food environment」をなしている（つまり真の個人的「選択」とは言えない）と捉え，近現代約150年間の食環境の展開の内実が「食の工業化」であり「工業的（大衆）食生活industrial mass diet」だとする。こうした「食環境」を形成するのが，寡占的市場支配力にもとづく独占利潤を原資とする大規模マーケティングと「空間的植民地化」である。後者は，例えば熱量濃密，低栄養価，高脂質，砂糖・甘味料過多で簡便と安価を旨とするような「工業的食（生活）」の「選択」を半ば強いるところの，チェーン型のスーパーやコンビニの商品棚・売り場や外食店を含むそれらの立地（さらに今日では電子商取引のサイバー空間）という食料購買消費環境＝「空間」の掌握を指す。

　著者は食環境とそれが事実上強いる食生活の歴史的展開を捉える枠組みとして，食生活レジームDiet Regime（以下，DR）が有効だとする。その基本内容は，(a)まず食生活とは特定の諸社会内部において広く一般大衆が日常的に消費する食料・飲料（のあるパターン）であり，(b)レジームは政治

支配・ルールの体系を指す。(c) 以上から食生活レジームとは，(c-1) 食生活は究極的には社会的および政治的プロジェクトであるという事実，(c-2) したがって食生活レジームとは，食生活が【特定社会の物的諸条件】，【特定の社会的および経済的諸配列arrangement】，【政治支配，規制，制御の諸構造】を反映することを示す，そのような概念だということになる（pp.14-16）.

次にFR論とDR論の関係については，(i) FR論はグローバルなフードシステムのマクロ政治経済学的分析を行なう枠組みだが，グローバル・フードシステム内部の食生活・栄養的次元を探究するようには発展してこなかったのでDR論が必要である。(ii) DR論はFR論の成果を活かしつつ，異なる世界資本主義の歴史諸時代における食生活配列の基礎にある諸パワーと諸関係を明らかにし，(iii) 同じく一般大衆食生活の構成，再生産，危機および転形をよりよく理解できるもの，として提起されている。(iv) なお人類史全般を見れば，農耕の本格化による定着社会の形成が社会のヒエラルキー化をもたらした時点から階級的食生活が始まっていると見なす（pp.17-19）。

以上を前提に，DR論も近現代資本主義の展開に沿ってDRの3段階が形成されてきたとする。

第1 DR（1870 ～ 1949年）は，機械制大工業型小麦製粉産業の登場を起点とし，加えて食肉屠殺解体産業，即席シリアル産業，缶詰産業の台頭がそれに続いた。これらが白製粉パン・朝食シリアル－食肉（牛肉）－缶詰型の工業的食生活を大衆化したのだが，それを実現させたのは，①爆発的な生産拡張を可能にする工場的システムだけでなく，②そうした生産物への需要を劇的に増進させるマスマーケティングであり，③その②を可能にしたのがこれら産業における集積・集中による独占化とブランド化能力であり，④そこで「簡便さ」「混ぜ物がない」「社会的ステータス消費」などの訴求によってそれらを消費する食生活が「標準化normalization」されたが，⑤同時にそれら食品に共通するのは栄養的劣化や不健康化だった（pp.20-25）。

第2 DR（1950 ～ 1980年）について，第1 FRから第2 FRへの移行が，ストレートに第1 FR照応的DRを第2 FR照応的DRへ転形させたという単純な

対応ないし重複とはならない。しかしながら第２FRにおける農業食料の生産・流通・貿易領域での工業的集約化ということが，食生活領域・DRにも影響を与え，基本的には先進諸国における工業的食生活の強度化（集約化）intensificationと，そのような食生活（アメリカ的食生活とも呼びうる）の途上国への広く深い浸透が生じた（pp.28-35）。

　第一の工業的食生活の強度化は，北米では加工果実・野菜，冷凍食品（特に冷凍フライドポテト），コーラに代表される甘味飲料，塩味スナック，油脂の消費急増の形態を取った。後三者は「三大問題食品」である。

　第二の工業的食生活の途上国への広く深い浸透は，著者が前述のように「空間的植民地化spatial colonization」と呼ぶ過程，すなわ先進国資本のスーパーマーケット・チェーン企業，ファーストフード・チェーン企業の進出・展開が，栄養的に貧弱だが収益性の最も高い可食諸商品の消費を決定的に増やすこと（つまり食環境の急速な転形）で達成された。

　FR論では第３FRの存否や内実について議論が収斂していないが，著者は第３DR（1980年代以降）が既に成立しているとする。その理由は，工業的食生活が真にグローバル規模に拡延したこと，アメリカ的食生活がグローバル規模の飲食経験に劇的な質的変化を与え，その結果としての健康被害（「病的肥満流行病obesity epidemic」）を被る人口も急増していること，これらの変化を支える企業組織もグローバル市場対応のために大きく変化を遂げていることである。

　これら第３DRの諸変化を特に90年代以降の途上国で牽引した重要なベクトルは，（A）グローバル企業型スーパーマーケットおよびコンビニ・チェーンの急展開，（B）超国籍ファーストフード企業とその追随ローカル企業の急展開，（C）超国籍清涼飲料スナック企業の急展開である。これらによって，アメリカ以外ではかつて1970年代に日本で起きた体重過多と病的肥満率の増大，それによる健康破壊（例えば児童生徒の第２類糖尿病が20年間で10倍増）が，中国，インドネシア，タイ，インド，中東，サハラ以南アフリカ，東南アジアで急速に広がっている（pp.34-38）。

このような超国籍食料飲料企業による利益追求のための工業的食生活の拡延・深化が，栄養的健康，環境的持続可能性，食の安全のいずれとも両立できなくなっており，さらには公衆衛生上の脅威の高まりが公的保険財政をも強く圧迫するようなったことが，抵抗運動の政治レベルでの推進力になっている。その意味で第3DRは不安定化しているのだが，そうした抵抗的要求が企業主導の新たな均衡に導かれれるのか（筆者の理解ではFriedmannが指摘した選別的横奪によるグリーンキャピタリズムへの包摂。例えば「栄養医薬品」や「健康メリット強化食品」などによって抵抗する市民の消費慣行を変えながら利益機会を創出する），抵抗の側が「持続可能で倫理的な健康にもとづくDR」への転形に成功するのかは，新自由主義的な「個人の選択と責任」の精神性を乗り越え，また多様な目標をかかげてきたオルタナティブ食料農業諸運動が，現在のDRの転形を可能にする決定的に重要な諸政策の実現を迫るという領域でどこまで収斂できるかにかかっているとする（Chap.14）

（3）新自由主義食生活，国内・国際階級的食生活と農業食料貿易構造

　最後に外せないのがOtero（2018）である。というのはOteroは上述FriedmannやWinsonが提起・範疇化・時代区分化を進めてきた工業化食品および工業的食生活（したがってまた食生活レジーム）という議論を，第3FR＝新自由主義FRという現局面に引きつけて発展的に継承して総括すると同時に，そうした工業的食生活（新自由主義食生活）が各国内的にも諸国間的にも決して均等に浸透するのではなく，分化・格差化を伴って進行すること（いわば国内的だけでなく国際的な階級的食生活の進行），そのような分化・格差化が農業食料貿易の構造および動態と表裏一体であることを強調し，それらの統計データによる検証を図っているからである。

　第一に，新自由主義食生活（Neoliberal Diet，以下NLDと略することもある）とは，栄養構成要素上の性格としては，熱量濃密（energy-dense），低栄養価，高脂質（しばしば不飽和脂肪酸），砂糖・甘味料過多で，したがっ

て全体として高カロリーであり，具体的な形態としては高度に加工された簡便食品であり，だからFriedmannが第２FRで固有に増殖されたとした「油脂，甘味料，増粘剤，香味料など多くの代替可能農業原料，さらには代替化学合成物質によって構成される新たな工業製品可食商品」と質的には同じである。しかしそれをNLDとするのは，そうした工業的可食商品からなる工業的食生活が新自由主義という推進力を得てグローバル化したからであるという（pp.12, 14, 80-81）。

　第二に，しかしこのようなNLDは決して均等に浸透・拡延するのではなく，アメリカ国内であれば所得下層・中層諸階級はそうしたNLDにますます偏って肥満を増殖させているが，対照的に所得上層は食肉，輸入果実・野菜，ワインその他飲料などの高品質・高付加価値・ラグジュアリー（嗜好性）で多様性のある食生活を増進させている（pp.23, 81）。また各国間（NAFTA加盟３国間比較で検証）で見れば，メキシコの伝統的基礎食料が工業化食品にドラスティックに置き換えられ，NLD（アメリカ的食生活化とも言える）への収斂convergenceが明瞭であるが（カナダは相対的に最も多様である＝FAO食料需給表上の国内消費向け供給カロリーの上位80％までを占める食料品目数が多い），それはメキシコ内部でも階級的差異の分岐divergenceを内包している（pp.103, 110-111, 123）。

　著者はこれらの階層性（階級的食生活）の実態を，米墨家計費統計による重要品目への支出差によって検証している。ただし新興国・途上国では，所得低位段階ではNLDの方が伝統的食生活より高価なので，当初は逆の階層性が生じ，経済成長・所得向上につれて正転していくこともある（p.84）。

　第三に，NLDの鋭い階層性の背後にある構造は，（ⅰ）NLDはトウモロコシ，カノーラ，大豆，飼料作物といった作物を原料としているがそれら作物は重度に補助金漬けなので安価に供給されるために，（ⅱ）生鮮果実・野菜，全粒穀物，自身未加工肉といった栄養価の優れた食料より大幅に安く提供される，（ⅲ）さらに高度加工簡便食品やファーストフードといった熱量濃密で低栄養価なNLDは油脂・塩・砂糖甘味料を主要な添加物とすることで栄養価より

風味を優先させ，マーケティング戦略と相まって人々を病みつきにさせることに成功しているのである。

　第四に，アメリカもメキシコも食料輸入依存度を高めているが，アメリカが輸入依存しているのは高品質・高付加価値・ラグジュラリー食料であって基礎食料ではないし，その結果カロリー対外依存度も高くないのに対し，メキシコが対外依存度をますます高めているのはカロリー上重要部分をなす基礎食料である。このためメキシコでは特に貧困層ほど食料確保の脆弱性が高まっており，これを一般化すると，(a)先進諸国（アメリカ，カナダ）はラグジュアリー食料を輸入依存しているがそれらはカロリー構成比上は数％とわずかであり，工業的・バイテク利用で大量生産されたトウモロコシや大豆などの基礎穀物類を輸出しているが，(b)新興諸国（メキシコ，ブラジル，中国，インド，トルコ等）は程度の差はあれ基礎食料を輸入依存している。つまり同じ「輸入依存」と言っても食料安全保障上の意味が違うことを強調しており（これはカロリー構成比80％までを占める品目のうち輸入依存度20％以上の品目数で示される），こうした状態を著者は新自由主義FR下における食料安全保障の基本特質であり，「不均等で結合した依存uneven and combined dependency」と呼んでいる（pp.151, 157, 165など）。

　以上のOteroの議論は，新自由主義グローバリゼーションとそれに照応的なFRの下で階級的差異を鋭く拡大させている食生活（階級的食生活）の変化が，農業食料貿易構造（したがってまたそれに体現されているFRのあり方）と表裏一体性を持っていること，したがってその構造とそこからくる食料の体外依存性，ひいては食料安全保障には，相互対応性がありつつ非対称であり不均衡であることを，理論的枠組みとして提起すると同時に食料需給表，家計調査，貿易統計の実データを用いて検証して見せたところに大きなメリットがある。

　しかしその分析は，①対象が基本的にNAFTA加盟3ヵ国に限定されていること，②著作時期ゆえにやむを得ないが，その後アメリカがさらに急激に農業食料輸入を拡大してついには純輸入国化するという事態をどう取り込む

かといった点で，我々に課題を残している。

（4）工業的食生活論と新自由主義食生活論の積極的継承を目指して

　筆者は以上にサーベイした食生活の政治経済学，とりわけWinsonの工業的食生活論とOteroの新自由主義食生活論を肯定的に受け止めつつ積極的に継承するために，二つの論点を試論的に加えてみたい。

　第一に，Winsonの工業的食生活概念をあえて単純化すると，工業的大量生産型食料の，支配的資本蓄積の要請に照応した普及・高度化とまとめられる。このことが工業的食生活の不可欠で重要な要素であることを前提した上で，それを「食生活の工業化Industrialization of Diet」というより広い枠組みへ拡延できないだろうか。

　この場合参考になるのが，「農業の工業化」論の現代古典と言うべきGoodman, et al.（1987）がその「工業化」の二形態・二経路として提示した，appropriationism（日本では複数の訳語が充てられているがここでは「横奪」としておく）とsubstitutionism（代替）という概念の援用である[10]。

　まず横奪とは，農業の直接的生産過程のあれこれの部分過程が工業に横奪・取り込まれて，その生産物が投入財として農業に再注入reincorporateされることであり，この過程を通じて農業が資本の再生産・蓄積過程に漸次転化・包摂されていくことを指す。

　これを食生活に援用する場合，まずあれこれの食料・食品（未加工農水産物を含む，food ないしfoodstuff）は食生活の不可欠・重要な要素でありつつも，食生活は食料とその「食べ方」様式全体を指すことを確認したい。その上で，食料の生産（農業生産・食品加工・調理）・流通・消費（消費の準備や後処理等を含む）にまたがる全過程の，そのあれこれの部分過程が，漸次かつ次々と資本の再生産・蓄積過程として横奪・取り込まれ，その資本の過程の産出財（モノだけでなくサービスや知識）が，食生活に再注入される形

（10）以下，Goodman, et al.（1987）の関連叙述の摘要と解釈については，磯田（2016）pp.126-129を参照。

態・経路を，「横奪による食生活の工業化」と概念化する。

　また代替とは，資本による農業的食品の工業的生産（物）への代替である。それは食品における工業的付加価値部分の一貫した増大，食品の農業由来構成部分の工業的投入物によるいっそうの代替である。後者は農産物を工業の単なる一原料に還元した上でそれを非農業的原料に替えたり，食品そのものの工業的代替物を創出することで，農業生産過程そのものを除去していることであり，これまた農業食料関連資本の蓄積領域の拡大を意味する。

　これを食生活に援用する場合，(a) 食料・食品や食生活過程における資本制的付加価値部分が一貫して拡大すること，(b) 農水産物とその消費過程を工業的で資本制的な再生産・蓄積過程の単なる投入財に還元した上で次々にそれらを非農漁業的・資本制的投入財に代替すること，(c) 食生活総過程のますます多くの部分が非農漁業的だけでなく，非個人的・非家庭内的・非コミュニティ的な資本制諸商品（モノ，サービス，知識）とその生産諸過程へと徹底的に分解された上で，資本の管理・支配下で再構成されてreconstitution，新たな食料および食生活過程が創出されていくこと，それによって食生活のより大きな部分あるいは全てが資本の再生産・蓄積過程に包摂されるが，これを「代替による食生活の工業化」と概念化する。

　このように概念拡大をすると，工業的食生活Industrial Dietは単に食料・食品の工業化Industrialization of food/foodstuffだけでなく，食生活諸過程のより広い範囲に及んでいく資本制的商品化，資本による包摂と捉えられるのではないか。

　であれば，例えば食料・食品・食材としてはいかに「自然食品whole food」，「有機」，「ローカル」，「資源循環的産物」であっても，その生産・流通・加工・調理・付随サービスの諸過程が資本に包摂されているほど，それは「食生活の工業化」ないし「工業的食生活」と捉えることができるようになる。

　第二に，Oteroの新自由主義食生活もあえて単純化すると，Winsonにおける狭義の工業的食生活，すなわち工業的大量生産型で，栄養的に貧弱化され

かえって有害化された食品群（さらに今日では高度・超工業的な分解再構成型の「健康」「栄養強化」「保健」食品）あるいはそれらの組み合わせパターンとしての食生活が，新自由主義に固有な制度・ルール・ガバナンス・パワー関係の基礎上で急速にグルーバル化，とくに新興国・途上国に広く深く浸透していく事態を指していた。

　しかしOtero自身も重々認識し分析しているように，新自由主義時代の食生活はそのような「現代的工業的食料」と食生活のグローバル化だけでなく，その対極に「高品質・健康的・高付加価値・ラグジュアリー食料」と食生活のグローバル化も含んでいる（現実はこの両極だけでなくもっと多層的）。

　だからOteroも実質的にそうしているとも言えるのだが，新自由主義食生活とはこれらを両極とする固有の形態における国内外にまたがる食生活の階級的分化とそのグローバル化，と明示的に概念化するのが，より事態適合的であろう。

III 「工業的／新自由主義」食生活および
階級的食生活の各国間動態比較

1 実証分析の課題設定

　以上に摘要・レビューしてきたフードレジーム論と食生活の政治経済学，両者の結合の到達点を発展的に継承・援用する観点から，本書の実証分析の具体的課題を設定する。

　第一に，農業食料貿易構造の現局面的特徴をかなりの程度代表すると考えられる諸国を対象に，まず食料消費の品目構成という側面における（そこに限定した）食生活変化の方向を検出する。そこに，先行研究が提示・検出し，筆者が若干の概念拡張をしたような意味内容としての，新自由主義グローバリゼーション下での工業的食生活の拡延・浸透，各国間との収斂と分岐が見られるかどうかの検証が課題である。

　ただしこの場合，その算出方法が2014年に改訂されたことによる厳密な連続性の喪失にも関わらず，諸国間を統一的かつ比較的簡便に比較できるデータとして，FAOの食料需給表，すなわちFAOSTAT Food Balances（基本的な考え方は日本の食料需給表と同じく各食料品目の生産，輸入・輸出，在庫変化から国内消費仕向け量を算出する）を用いる。

　第二に，それら対象諸国のうち，現時点までに収入階級別家計消費支出データが得られた国（日本，アメリカ，ベトナム）について，その階級別の主要品目別食料消費支出の差異の変化を集計・検討することで，階級的食生活の動態の一端を把握し，またそこに先行研究のいう「収斂と分岐」があるのかどうかを検証する。

　第三に，これらの工業的食生活および階級的食生活の新自由主義的なグローバル化（収斂と分岐）が，農業食料国際分業諸関係といかに相互規定的

な関係にあるかについて，対象諸国の農業食料貿易構造（重要品目別輸出入マトリクス）の変化という側面から接近する。ただしこれはフードレジーム分析としては著しく一面的で限界がある。

　というのはFR概念を「資本主義の世界史的諸段階における基軸的蓄積体制に照応して編制され，かつそれを担う諸資本（農業食料複合体）の蓄積機会をも（自ら）つくりだすところの，国際農業食料諸関係」と考えれば，農業食料貿易構造自体は「国際農業食料諸関係」の結果としての国際的な財フローを示すだけであり，それが支える資本主義の基軸的蓄積体制との照応性も，さらにそれを担う主体（農業食料複合体）や諸制度の内実を明らかにするものでもないからである。だから本書はフードレジーム分析としては，その著しく限定された第一歩に過ぎない。

　データとしては国連のUN Comtrade Databaseが与える国別・国際統一商品分類別（Harmonized Commodity Description and Coding System, HS1992とHS2012）の輸出入統計を用いる。

2　分析対象国の選択と農魚介類貿易の推移

（1）対象国の選択理由

　本書での分析対象国は，アメリカ，中国，日本，ブラジル，メキシコ，ベトナムとした。その理由として米中については，本書冒頭の**図1**，**図2**で基本的に示した。

　その他の国を含めた位置について，まず**表1**を見られたい。

　第一に，アメリカはFAO統計のいう農産物貿易だけなら輸出で第1位，輸入で第2位だが，かろうじて純輸出国だった。しかし魚介類で世界最大の巨大な純輸入国であるため，両者を合計すると世界第7位の純輸入国になっているのだった。

　第二に，中国は農産物で世界最大の巨大輸入国となったため，依然として世界第7位の輸出国でもあるが，純輸入国としては日本を抜いて世界第1位

表1　2020年の農畜産物・魚介類の大輸出入国

（金額単位：100万ドル）

国	農畜産物輸出入額 輸出	輸入	純輸出	輸出順位	輸入順位	純輸入順位	魚介類輸出入額 純輸出	輸出	輸入	輸出順位	輸入順位	純輸入順位	農魚介類合計輸出入額 純輸出	輸出	輸入	輸出順位	輸入順位	純輸入順位
中国（本土）	55,730	157,694	▲101,964	7	1	1	3,432	18,652	15,220	1	2	185	▲98,533	74,381	172,914	5	1	1
日本	5,943	56,899	▲50,956	47	6	2	▲11,439	2,041	13,480	22	3	3	▲62,395	7,984	70,378	44	5	2
イギリス	26,660	61,777	▲35,117	18	5	3	▲1,696	2,545	4,240	19	11	9	▲36,813	29,205	66,017	18	6	3
韓国	7,184	27,749	▲20,564	42	12	4	▲3,574	1,853	5,427	23	8	8	▲24,139	9,037	33,176	39	12	4
ドイツ	79,544	95,752	▲16,208	4	3	6	▲3,316	2,704	6,021	18	7	6	▲19,524	82,248	101,773	4	8	5
サウジアラビア	3,517	20,473	▲16,956	61	19	5	▲598	82	679	83	34	19	▲17,553	3,599	21,152	62	19	6
アメリカ	147,923	146,495	1,428	1	2	157	▲18,467	4,506	22,973	14	1	1	▲17,039	152,428	169,467	1	7	7
香港	7,965	22,086	▲14,121	36	15	7	▲2,518	476	2,994	44	14	16	▲16,639	8,441	25,081	42	15	8
バングラデシュ	679	12,066	▲11,387	104	33	8	303	426	123	46	72	164	▲11,084	1,105	12,189	94	35	9
イラク	120	10,382	▲10,262	139	37	9	▲114	0	114	181	77	38	▲10,376	120	10,496	150	39	10
エジプト	5,120	13,744	▲8,624	52	26	11	▲825	39	864	100	29	14	▲9,449	5,159	14,608	54	29	11
台湾	3,565	12,163	▲8,598	59	32	12	▲298	1,503	1,801	26	21	28	▲8,896	5,068	13,964	55	30	12
アルジェリア	488	9,257	▲8,769	115	42	10	▲101	19	120	110	75	43	▲8,870	507	9,377	121	42	13
ロシア	23,360	26,947	▲3,587	20	13	13	3,314	5,425	2,112	10	18	184	▲273	28,785	29,058	19	13	89
ベトナム	18,250	21,766	▲3,516	24	16	24	6,567	8,515	1,947	3	20	190	3,051	26,765	23,713	20	16	164
ノルウェー	1,075	7,723	▲6,648	88	44	15	9,833	11,153	1,320	2	24	191	3,185	12,229	9,043	31	43	165
イタリア	51,238	42,520	8,718	8	8	178	▲5,277	873	6,150	33	6	5	3,441	52,111	48,670	9	8	167
フランス	65,883	56,217	9,667	5	7	179	▲4,821	1,655	6,476	24	5	4	4,846	67,538	62,692	6	7	172
マレーシア	23,350	17,585	5,765	21	21	175	▲258	864	1,122	34	25	30	5,507	24,214	18,707	22	21	174
デンマーク	16,689	11,540	5,149	25	34	174	2,532	6,381	3,849	4	12	183	7,681	23,070	15,389	23	27	177
チリ	12,027	7,159	4,868	30	45	173	5,616	6,058	441	5	42	189	10,484	18,085	7,600	26	46	179
メキシコ	34,443	21,741	12,703	13	17	181	526	1,225	699	27	32	170	13,229	35,668	22,440	15	17	181
オーストラリア	30,731	15,023	15,708	17	24	184	▲572	880	1,452	32	22	21	15,136	31,612	16,476	17	26	182
ウクライナ	22,009	5,513	16,497	22	54	185	▲763	51	814	94	30	15	15,734	22,061	6,327	24	52	183
インド	32,084	21,403	10,681	16	18	180	5,576	5,810	234	6	54	188	16,257	37,894	21,637	14	18	184
カナダ	50,795	35,889	14,906	9	10	183	1,829	4,797	2,968	12	15	178	16,736	55,592	38,857	8	11	185
スペイン	56,356	33,012	23,344	6	11	189	▲2,775	4,566	7,342	13	4	7	20,569	60,922	40,354	7	10	186
ニュージーランド	24,896	4,842	20,054	19	58	188	882	1,123	241	29	53	177	20,936	26,019	5,083	21	58	187
タイ	32,532	13,036	19,496	15	27	187	1,996	5,739	3,743	7	13	174	21,492	38,271	16,779	12	24	188
インドネシア	36,624	18,567	18,058	11	20	186	4,647	5,044	397	11	45	179	22,705	41,668	18,963	11	20	189
アルゼンチン	33,296	3,692	29,604	14	66	190	1,491	1,649	159	25	62	177	31,095	34,945	3,851	16	66	190
オランダ	100,893	69,927	30,965	2	4	191	965	5,578	4,613	8	10	175	31,930	106,470	74,540	2	4	191
ブラジル	85,150	10,181	74,969	3	38	192	▲683	286	969	53	27	18	74,286	85,437	11,151	3	36	192

資料：FAO, FAOSTAT, and FhishStat: Goloba Fhish Trade Statistics v.2022.1.0.
注：この組み合わせのデータが取れる192国・地域の順位である。つまりブラジルは世界最大の農畜産物・魚介類純輸出というこである。

となっている。同時に魚介類の巨大輸出国（大輸入国でもある）であるが，両者を合計しても日本を抜いて世界最大の純輸入国になっている。

　第三に，こうしたアメリカと中国の巨大輸入国化の半面にあるのが，ブラジルとメキシコの農産物大純輸出国としての位置である。とりわけブラジルは数量で1億トンに超える中国の膨大な大豆輸入を支えているだけでなく，その他も含めて世界最大の農魚介類純輸出国なのである（魚介類だけなら純輸入国であるにもかかわらず）。メキシコも世界第12位の純輸出国の地位にあり，特にアメリカとの関係では輸出入両面で重大な位置を占めている。

　第四に，ベトナムを取り上げたのは，それが従前はドイモイ以来，タイを追うような農産工業輸出国成長路線を歩んできたと理解されることが多かったにもかかわらず，農産物だけを見れば純輸入国化するという劇的な変化を遂げているからである（魚介類も含めると依然として世界上位の純輸出国であることも重要である）。

（2）対象国の農魚介類貿易の推移

　各国について1990年以降の全体的推移を見ると，まずブラジル（**図3**）は1990年代半ば頃から漸次輸出額を増大させつつあったが，2000年代に入ると世界食料価格高騰前から爆発的に輸出額を増加させるようになっていた。輸入額は食料価格高騰前後から増やしていたがやや一進一退であり，かつ輸出額と較べると圧倒的に小さいのも最大の特徴である。

　メキシコの場合（**図4**），魚介類の輸出入は農産物より桁違いに小さくて不安定なので，全体の傾向を規定しているのは農産物である。1990年代は農魚介類輸出入額がほぼ同水準のまま漸増していたが，21世紀に入るとまず輸入額が輸出額を上回って急速に増大した。NAFTA下でのアメリカからの輸入増加によって牽引されたと見られる。2010年代になると実質GDP成長率の漸減下で輸入額が頭打ちになるいっぽう，輸出額増加がさらに加速したため明確な純輸出国となりその幅も拡大している。

　ベトナムは，まず農産物について1990年代から2000年代前半は輸出額が輸

図3　ブラジルの農魚介類全体貿易額の推移　（1990～2020年）

10億USドル

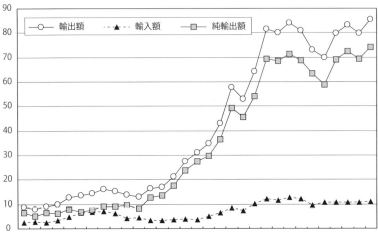

資料と注：図1に同じ。

図4　メキシコの農魚介類全体貿易額の推移　（1990～2020年）

10億USドル

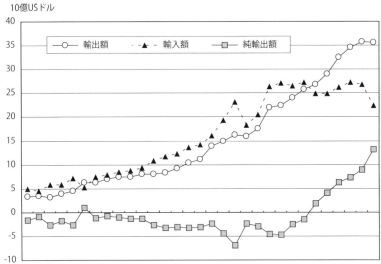

資料と注：図1に同じ。

入額を一貫して上回りながら両者が増加し，10億ドル前後の恒常的純輸出国だった。その後に輸出入額両方が加速度的な増加を辿ると同時に不安定化し，輸出額が2017年をピークに減少したのに対し輸入額が続伸したため，2018年から農産物純輸入国化するという劇的な変化を見せ，その後も同じ傾向を強めている。

　ただ魚介類が1990年代以来，輸出額を増加させ続けながら輸入額がほとんどなかったので一方的に純輸出額を増やしている。

　これらの結果，**図5**のように2010年代初めまでは農魚介類輸出額増加が輸入額のそれを上回って純輸出額を拡大してきたが，2010年代後半になると輸入額増加ペースの方が早くなって純輸出額は頭打ちとなり，2015年にはついに純輸出額が減少を見せている。その傾向は加速度的になると見込まれる。

　最後に日本については多言を要さないが（**図6**），アベノミクス異次元量的緩和による円安誘導で2010年代に農魚介類双方の輸入額が減少し，輸出額が極めて矮小だが増加した結果，純輸入額が減少傾向を見せた。しかし2010年代終わりには輸出額は増え続けているものの輸入額が再増加に転じ，純輸入額も再増加の兆しがある。

3　対象国の食料消費パターンと階級的食生活の動向

　1990年と2018年の間，つまり筆者の理解による第3FR（新自由主義FR）第1局面が始まって10年ほど（しかしその一つの体現物としてのWTO設立前）の時点と，第3FRが第2局面に移行して20年弱を経過し，本書冒頭および前節で見たように，アメリカの純輸入国化，中国の世界最大の純輸入国化，それらの半面でのブラジルの世界最大の純輸出国化およびメキシコの再純輸出国化，ベトナムの農産物純輸入国化という注目すべき特徴を見せている直近年，の2時点において，対象諸国の食生活変化の方向性を，まずは1人平均1日当たり供給熱量ベースで検討する。さし当たり食生活を食料消費構成の一定のパターンと捉えるにしても，それを物量ベースで見るべき，あ

図5　ベトナムの農魚介類全体貿易額の推移　（1990～2021年）

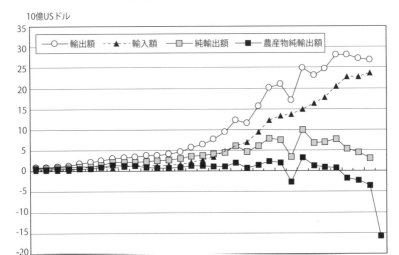

10億USドル

凡例：輸出額　‑‑△‑‑輸入額　純輸出額　農産物純輸出額

資料と注：図1に同じ。

図6　日本の農魚介類全体貿易額の推移　（1990～2021年）

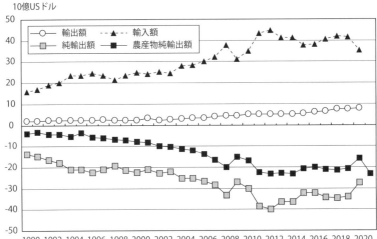

10億USドル

凡例：輸出額　▲輸入額　純輸出額　農産物純輸出額

資料と注：図1に同じ。

るいは種々の（主要）栄養素ベースで見るべきという考え方は当然あり得るが，あれこれの食料品目の各国食生活上の重要度を単一の指標でみるためと統計処理の便宜という理由から（またFAO食料需給表の計算方法が2014年に変更されているので絶対値の比較は参考値的な位置づけになる），Otero（2018）と同様に基本的に熱量構成比ベースで検討する。

　その上で，家計支出統計が現時点で入手できた諸国（アメリカ，日本，ベトナム）については，それを主要食料品目別支出の所得階級別格差の動向と結びつけることによって，食料需給表では１人平均でしか観察できない食生活変化を階級的食生活の動態として解釈することを試みる。

（1）アメリカ

①食料需給表からみた１人平均の食料消費の変化

　表2を見ると，まず同じ先進資本主義国でもアメリカがこの30年間弱１人当たり実質GDPを1.53倍に伸ばした（年率2.4％）のに対し，日本は1.28倍（1.4％）に過ぎずその停滞は明瞭である。総供給熱量は総計でも植物性食料，動物性食料でもアメリカが増やしているのに対し，日本はいずれも減らしている。ただ両国とも植物性比率をわずかながら上昇させており，他の新興諸国と反対である。

　品目（中分類）別構成比を見ると，アメリカの場合，「工業的食生活」あるいは「アメリカ的食生活」の代表的品目のうち砂糖・甘味料，動物油脂（バターを含む），乳製品（バターを除く）が減っている（重量ベース供給量は砂糖・甘味料が微増，後二者は減少）。しかし同様の品目でも植物油，食肉は増えている（重量では植物油が減少，食肉は増加）。

　他方，農務省はじめアメリカ政府が「（アメリカ的）食生活の見直し」で摂取増加を推奨した品目のうち，穀物の比率は減少し（量は微増），果実は比率で増加したが量は減少，野菜は比率でも量でも減少し，魚類・海産物は増加（量も増加）している。

　以上をFR論・DR論との関係で整理すると，まず第１FRで最初にグロー

表2　6ヵ国の食料品目（中分類）別国内消費向け供給熱量・構成比の変化国際比較（1990年と2018年）

供給熱量構成比　％ ／ 供給熱量（1人平均1日当たり供給熱量）（kcal/capita/day）

項目	アメリカ 1990	増減	2018	日本 1990	増減	2013	メキシコ 1990	増減	2018	中国 1990	増減	2018	ブラジル 1990	増減	2018	ベトナム 1990	増減	2018
実質1人当たりGDP	40,343	<	61,578	32,094	<	41,066	14,904	<	20,026	1,413	≪	15,158	10,741	<	14,664	2,041	≪	9,538
総計	(3,493)	<	(3,782)	(2,948)	>	(2,705)	(2,969)	<	(3,157)	(2,504)	<	(3,194)	(2,719)	<	(3,301)	(1,905)	≪	(3,025)
植物性食料	(2,525)	<	(2,755)	(2,332)	>	(2,143)	(2,507)	>	(2,459)	(2,216)	<	(2,467)	(2,265)	<	(2,441)	(1,735)	<	(2,352)
動物性食料	(969)	<	(1,027)	(616)	>	(562)	(462)	≪	(697)	(288)	≪	(727)	(454)	≪	(860)	(170)	≪	(673)
増減率 総計			8.3			▲3.2			6.3			27.6			21.4			58.8
増減率 植物性食料			9.1			▲3.1			▲1.9			11.3			7.8			35.6
増減率 動物性食料			6.0			▲3.8			50.9			152.4			89.4			295.9
総計	100.00		100.00	100.00		100.00	100.00		100.00	100.00		100.00	100.00		100.00	100.00		100.00
植物性食料	72.29	<	72.85	79.10	<	79.22	84.44	>	77.89	88.50	>	77.24	83.30	>	73.95	91.08	>	77.75
動物性食料	27.74	>	27.15	20.90	>	20.78	15.56	<	22.08	11.50	≪	22.76	16.70	≪	26.05	8.92	≪	22.25
穀物	23.05	>	21.76	39.38	>	39.15	47.19	>	40.96	64.74	>	46.02	33.91	>	29.87	75.17	>	51.37
澱粉性根茎	2.66	>	2.38	2.68	>	2.14	0.91	<	1.01	6.91	>	4.48	5.63	>	3.27	4.09	>	1.39
砂糖・甘味料	16.89	>	15.57	10.99	>	9.06	16.94	>	14.10	2.68	>	2.32	17.32	>	12.39	2.52	<	3.57
食用豆	0.89	<	0.93	0.68	>	0.48	4.34	>	3.36	0.76	>	0.41	4.67	>	3.79	1.10	>	0.83
ナッツ・同製品	0.57	≪	1.06	0.24	≪	0.52	0.17	≪	0.35	0.08	≪	0.53	0.11	<	0.12	0.10	≪	3.14
油糧作物	1.52	<	1.80	4.21	>	4.14	0.44	≪	0.89	2.20	<	3.16	1.03	≪	1.94	0.94	≪	5.72
植物油	15.92	<	19.01	10.24	<	13.49	7.65	<	9.34	5.51	<	6.17	13.17	<	14.75	1.89	<	2.25
野菜	2.00	>	1.82	2.61	>	2.59	1.11	≪	1.74	2.68	≪	7.86	0.88	<	1.09	1.42	≪	3.74
果実	3.41	<	3.57	1.76	<	1.77	3.23	<	3.61	0.64	≪	3.44	2.21	≪	3.45	2.89	<	3.17
アルコール飲料	4.72	>	4.02	5.46	>	4.51	2.02	<	2.09	2.28	<	2.69	4.01	>	2.27	0.31	≪	1.39
食肉	11.62	<	12.03	5.02	<	7.39	5.89	≪	11.18	8.35	≪	15.22	7.94	≪	14.18	6.40	≪	15.50
動物油脂（バター含む）	2.72	>	2.62	1.83	>	1.15	2.53	>	1.96	0.88	<	1.35	1.62	<	2.51	0.73	≪	1.92
卵	1.46	<	1.64	2.54	<	2.92	1.25	<	2.28	1.00	≪	2.50	0.96	<	1.18	0.26	≪	0.66
乳製品（バター除く）	10.94	>	9.89	4.17	<	4.40	4.75	<	5.32	0.40	≪	1.57	5.59	<	7.51	0.10	≪	1.22
魚類・海産物	0.86	<	0.95	6.92	>	4.66	0.71	<	0.86	0.60	≪	1.69	0.33	<	0.45	1.15	<	2.02

資料：FAO, FAOSTAT *Food Balances*, and IMF, *World Economic Outlook Database, Oct. 2020*.

注：1）FAOSTATの食料需給の計算方法が2014年から改訂されているので、厳密には連続しない。
　　2）「増減」欄の「＞」は減少、「＜」は増加。「≪」は1.5倍以上の大幅増加。
　　3）実質1人当たりGDPは購買力平価換算2017年US ドル。

バル化したとされる「小麦（白製粉パン）＋（牛）肉＋砂糖入り植民地原産飲料」型食生活品目のうち，後にも見るように小麦の変化は小さく，食肉は増えている。ただし食肉は第1FR時代の牧草飼養型食肉（牛肉および羊肉）から第2FRでは濃厚飼料多給・工場的食肉へ内実は激変しており，したがって第2FR的食生活を構成するものとしての食肉消費はアメリカにおいて第3FR第2局面でも増え続けている。

　第2FRで食生活における主軸的品目になったとされた「耐久食品」または「高度工業的・再構成可食商品」の普遍的原料である植物油は，第2局面でも大きく増加している（量でも36％増）。

　これらの結果，平均的に見たアメリカ市民の食生活が「多様化」したのかどうかを，やはりOtero（2018）にならって，かつ統計処理上の便宜から，食料品目（中分類）別に供給熱量の累積構成比が80％に達するまでの品目（数）で指標させたのが，表3である。

　これによると，熱量構成比累積80％までの品目数は1990年の13品目から2019年の14品目へわずかに増えている。熱量ベースなので野菜や果実が入りにくいのは勿論だが，両年ともまさしく「アメリカ的食生活」を代表する品目で占められている。この指標からは，平均的なアメリカ市民の食料消費パターンは，「工業的食生活」「新自由主義食生活」から，多様性への動きを含めてほとんど見るべき変化を遂げていないと言える。なお，そうではありながら輸入依存度の高い品目数が増えていることは，アメリカが農魚介類，あるいは農業食料貿易において世界最大の輸出国でありながら同時に第2位の輸入国化した，換言するとこの第3FR第2局面で「世界農（漁）業」化を大きく進めたことと表裏一体である（後述）。

②家計支出調査にみる階級的食生活の動向

　次に表4は，階級的食生活の動向を部分的にせよ把握すべく，アメリカ家計支出調査統計から，所得5分位階級別の世帯員1人当たり税引前貨幣所得，消費支出，および主な食料品目別支出（全て実質価格）の1990年から2019年

表3 アメリカの1人年・1日当たり供給熱量構成比上位80%までの食料品目（小分類）とその輸入依存度の変化（1990年と2018年）

1990年

順位	品目	年1人当たり供給量 kg/capita/year	1日1人当たり供給熱量 kcal/capita/day	供給熱量構成比 %	累積供給熱量構成比 %	輸入依存度 %
	総計		3,493	100.00	100.00	
1	小麦・同製品	81.17	589	16.86	16.86	3.1
2	大豆油	18.69	432	12.37	29.23	0.5
3	牛乳・乳製品（バター除く）	256.70	382	10.94	40.17	6.8
4	砂糖（粗糖換算）	30.81	306	8.76	48.93	24.1
5	他の甘味料	31.97	280	8.02	56.94	3.3
6	家禽肉	39.43	154	4.41	61.35	0.0
7	豚肉	28.40	125	3.58	64.93	5.6
8	牛肉	43.41	119	3.41	68.34	10.3
9	ビール	96.26	111	3.18	71.51	4.2
10	トウモロコシ・同製品	13.21	99	2.83	74.35	0.1
11	馬鈴薯・同製品	55.25	89	2.55	76.90	5.1
12	米・同製品	6.80	73	2.09	78.99	5.7
13	動物油脂（非精製）	3.22	57	1.63	80.62	0.5
14						

2018年

順位	品目	年1人当たり供給量 kg/capita/year	1日1人当たり供給熱量 kcal/capita/day	供給熱量構成比 %	累積供給熱量構成比 %	輸入依存度 %
	総計		3,782	100.00	100.00	
1	小麦・同製品	81.09	614	16.23	16.23	17.7
2	大豆油	13.66	545	14.41	30.65	1.6
3	牛乳・乳製品（バター除く）	223.70	374	9.89	40.53	1.0
4	砂糖（粗糖換算）	33.04	326	8.62	49.15	32.7
5	他の甘味料	30.52	258	6.82	55.98	24.2
6	家禽肉	56.64	223	5.90	61.87	0.7
7	豚肉	27.99	124	3.28	65.15	6.0
8	牛肉	37.16	102	2.70	67.85	11.9
9	トウモロコシ・同製品	11.98	91	2.41	70.25	0.4
10	ビール	76.26	88	2.33	72.58	16.8
11	馬鈴薯・同製品	52.26	84	2.22	74.80	16.8
12	米・同製品	11.10	78	2.06	76.86	23.0
13	卵	16.21	62	1.64	78.50	0.3
14	トウモロコシ油	2.02	58	1.53	80.04	3.4

資料：FAO, FAOSTAT Food Balances.

注：1) 品目のうち1990年の網掛太字は2018年にランク外になったもの。2018年の網掛太字は新たにランク入りしたものである。
　　2) 「輸入依存度」＝輸入量÷国内消費仕向け供給量で、斜体は10%以上、太字は20%以上を表す。

表4 アメリカ家計の実質1人当たり年間食料消費支出額（2019年価格）と その所得階級差の変化

(貨幣単位：2019年価格)

			税引前貨幣所得階級別					
			全世帯	第1分位	第2分位	第3分位	第4分位	第5分位
世帯員1人当たり税引前貨幣所得 （US ドル）		1990	23,998	6,128	12,554	18,438	25,893	46,874
		2019	33,141	7,518	14,895	22,709	33,354	68,334
世帯員1人当たり 税引前貨幣所得	1990年=100	2019	138	123	119	123	129	146
	第1分位=100	1990	392	100	205	301	423	765
		2019	441	100	198	302	444	909
消費支出総額	1990年=100	2019	138	123	119	123	129	146
	第1分位=100	1990	152	100	114	132	165	242
		2019	141	100	103	118	142	212
食料・酒類消費 支出合計	1990年=100	2019	101	105	96	102	91	101
	第1分位=100	1990	126	100	107	113	139	171
		2019	121	100	98	110	121	165
穀物・ベーカリー製品	1990年=100	2019	84	92	78	87	80	82
	第1分位=100	1990	110	100	108	101	117	130
		2019	100	100	91	94	101	116
食 肉 計	1990年=100	2019	74	67	71	75	70	80
	第1分位=100	1990	97	100	94	94	104	101
		2019	106	100	100	105	109	120
牛肉	1990年=100	2019	66	56	59	63	66	73
	第1分位=100	1990	94	100	85	95	106	99
		2019	111	100	90	106	125	129
豚肉	1990年=100	2019	75	76	75	81	67	81
	第1分位=100	1990	92	100	95	89	96	89
		2019	91	100	94	94	84	95
家禽肉	1990年=100	2019	93	81	97	98	87	98
	第1分位=100	1990	100	100	97	90	108	110
		2019	114	100	116	108	115	132
牛乳・乳製品計	1990年=100	2019	82	82	70	80	72	91
	第1分位=100	1990	106	100	109	104	118	117
		2019	106	100	93	101	104	130
生乳・ クリーム	1990年=100	2019	53	55	43	51	48	63
	第1分位=100	1990	94	100	107	95	103	88
		2019	91	100	84	87	89	101
その他 乳製品	1990年=100	2019	108	112	101	108	93	110
	第1分位=100	1990	119	100	110	114	135	149
		2019	115	100	98	109	112	146
生鮮 果実	1990年=100	2019	135	124	123	141	130	136
	第1分位=100	1990	107	100	107	97	110	132
		2019	116	100	106	110	115	145
生鮮 野菜	1990年=100	2019	133	121	117	138	131	139
	第1分位=100	1990	103	100	108	96	106	120
		2019	114	100	105	109	115	138
油脂	1990年=100	2019	90	89	81	91	79	103
	第1分位=100	1990	98	100	99	92	107	101
		2019	99	100	90	95	96	118
アルコール 飲料	1990年=100	2019	105	95	86	83	90	116
	第1分位=100	1990	160	100	126	153	188	245
		2019	177	100	115	135	180	300
外食	1990年=100	2019	103	117	106	107	93	97
	第1分位=100	1990	158	100	108	134	174	257
		2019	140	100	99	123	138	213

資料：US Department of Labor, Bureau of Labor Statistics, *Consumer Expenditure Survey*, 1990 and 2019,
　　　IMF, *World Economic Outlook Database*, April 2021.
注：1990年の値はIMFの小売価格指数を用いて2019年価格に換算したものから算出している。

への変化および階級間格差の動きをまとめたものである。なお日本の家計調査統計のように購入数量は（少なくとも政府サイトには）集計公表されていない。

　まず所得は基本的に所得が高い階級ほどより大幅に増やしている。この中でもっとも富裕な第５分位は1990年に対して2019年は146となっており，したがってまた階級間格差も拡大している（最富裕層は最貧困層の９倍以上となった）。このような大くくりの統計でもアメリカは格差社会化が確実に進んだことが確認できる。ただしそれに対して消費支出総額の格差は絶対的には大きいが縮小しており，富裕層では大幅に増大した所得を資産形成等に回したこと（そこから所得格差→資産格差→資産収入格差のスパイラル）が示唆される。

　上述の供給熱量構成比ベースで注目された品目を中心に食料消費支出を見ると，まず平均的に減少した穀物・ベーカリー製品への支出は概ね全階級で減少しているが，最貧困層の減り方が他よりかなり小さいことが目立つ。なおこのうち穀物・同製品とベーカリー製品の支出絶対額は概ね後者が前者の２倍程度だが，階級間格差を見ると前者（つまりパン系以外の穀物性食品）で富裕層と貧困層との格差が広がっている。富裕層の方が，パスタや小麦以外の穀物性食品消費を相対的に増やしていることが示唆される。

　次に砂糖類・甘味類だが，先のFAO食料需給表がSugar and Sweetenersというくくりだったのに対してこの家計支出調査はSugar and other sweetsなので，甘味菓子を含んでいるため比較ができない。その上で後者を見ると，まず貧困＝下位階層は支出を減らしているが，第３，第５分位の中・富裕層は増やしている。その結果，階級間格差も同じ分位で開いた。つまり砂糖・甘味料そのものは減らしたとしても，甘味菓子類は貧困層とは違って中間・富裕層は消費を増やしているのである。

　供給熱量構成比で平均的に増えた（量でも若干増）食肉を見ると，生鮮と加工の区別ができないが，食肉計の支出はいずれの階級も減らしている。階級差はやや不規則を含むが，富裕層ほど減らし方が小さい。したがって階級

格差は拡大した。肉種別に見ると，まず階級合計で牛肉がもっとも減り，次いで豚肉，減り方がわずかなのが家禽肉である。各階級でもこの序列は変わらず，また階級格差は全体的に不規則だが，どの肉種でも最富裕層が減らし方が最も小幅である。これは数量は減らしているが，同じ肉種でも特に最富裕層は単価の高い高級肉を購入しているためかも知れない。

同じ畜産物である牛乳・乳製品の場合，どの階級も減らしているが，最富裕層は減少幅がもっとも小さく，次いで最貧困層が小さい。これを生乳・クリームとその他乳製品（チーズ，ヨーグルト，アイスクリーム等を含む）に分けると，全体として前者から後者へのシフトが起きている。これらを総合的に見て，牛乳・乳製品消費支出は，最富裕層とその他階層との階級間格差が広がり，その最富裕層は生乳・クリームからその他乳製品（概ね高付加価値で高栄養価的）へのシフトが大きかった。

果実・野菜では，まず加工果実が全階級的に大幅に減少した。いっぽう加工野菜は第4分位を除く全階級で増加している。ただしその階級間格差は拡大した。

「高品質・高健康栄養価・高付加価値なラグジュアリー」食料の代表格と見なされる生鮮物を見ると，全階級的に増やしているが，階層性がかなり明瞭で富裕層ほど増加幅が大きく，階級間格差が拡大している。先行研究や一般的認識と合致した結果である。

魚介類・海産物は合計のみしかデータが得られない。それによると階級合計で若干減少し，下位3階層で増加，上位2階層で減少という逆階層性が観察される。しかしこれらは本来，生鮮と加工，加工の程度や種類別の詳細な検討を要するので，ここでの魚介類・海産物をひとくくりに一般的に順階層性をもつ「高品質・貢献高栄養価・高付加価値なラグジュアリー」食料とも，逆階層性をもつ「耐久食品」「新自由主義的食生活」食料，ないし「高度工業化分解再構成可食商品」とも断言できない。

最後に外食支出については，階級合計で微増，そのうち下位3階層で増加，上位2階層で減少している。しかし階級間格差は依然として大きく，最貧困

表5 中国の1人年・1日当たり供給熱量構成比上位80%までの食料品目（小分類）とその輸入依存度の変化（1990年と2018年）

順位	品目	1990年 年1人当たり供給量 kg/capita/year	1日1人当たり供給熱量 kcal/capita/day	供給熱量構成比 %	累積供給熱量構成比 %	輸入依存度 %	品目	2018年 年1人当たり供給量 kg/capita/year	1日1人当たり供給熱量 kcal/capita/day	供給熱量構成比 %	累積供給熱量構成比 %	輸入依存度 %
	総計		2,504	100.00	100.00		総計		3,194	100.00	100.00	
1	米・同製品	81.76	845	33.75	33.75	0.1	米・同製品	119.45	821	25.70	25.70	2.2
2	小麦・同製品	78.02	680	27.16	60.90	12.2	小麦・同製品	64.64	563	17.63	43.33	2.8
3	豚肉	18.98	186	7.43	68.33	0.0	豚肉	38.17	371	11.62	54.95	(2.5)
4	甘藷	51.68	141	5.63	73.96	0.1	他の野菜類	316.40	216	6.76	61.71	0.1
5	砂糖（粗糖換算）	6.34	62	2.48	76.44	15.6	馬鈴薯・同製品	42.70	83	2.60	64.31	0.4
6	他の野菜類	89.54	60	2.40	78.83	0.0	卵	19.82	80	2.50	66.81	0.0
7	他のアルコール飲料	5.94	48	1.92	80.75	0.0	砂糖（粗糖換算）	6.91	69	2.16	68.97	20.5
8							家禽肉	13.72	64	2.00	70.98	(2.6)
9							落花生	6.01	60	1.88	72.86	1.3
10							大豆油	2.42	59	1.85	74.70	83.1
11							トウモロコシ・同製品	7.18	57	1.78	76.49	1.3
12							甘藷	18.74	51	1.60	78.08	0.0
13							牛乳・乳製品（バター除く）	23.13	50	1.57	79.65	3.1
14							パーム油	2.04	49	1.53	81.18	97.2

資料：FAO, FAOSTAT Food Balances.

注：1）品目のうち1990年の網掛太字は2018年にランク外になったもの、2018年の網掛太字は新たにランク入りしたもの。

2）「輸入依存度」＝輸入量÷国内消費仕向け供給量で、斜体は10%以上、太斜体は20%以上を表す。

3）「輸入依存度」の（　）内は飼料原料である大豆の輸入依存度83.1%を勘案すれば熱量ベース対外依存度が著しく高いと判断されるもの。

4）大豆油の輸入依存度は大豆のそれ。

層に対する最富裕層の支出は213％と，本データの分類中アルコール飲料についで大きい。ここでも外食（およびアルコール飲料）の内容に立ち入って分析すべきだが，一応これらは大ぐくりには「ラグジュアリー」食生活要素と言えよう。

　以上から，生鮮野菜・果実，および外食食材となる（およびアルコール飲料そのもの）農業食料輸入の動きは，こうした階級的食生活の変化，すなわち格差拡大下で増大する相対的富裕層需要（したがってまた中上層向け青果物小売産業や外食産業の実需）の充足を反映している可能性が示唆される。また逆に相対的貧困層の需要を充足するために輸入を増大させている品目の存在可能性もある。

（2）中国

　次に爆発的に農産物輸入を増大させて世界最大の純輸入国（純輸出である魚介類を加えても第１位）となった中国について，先の**表2**を見ると，総供給熱量，そのうち植物性と動物性の両方（とくに後者）を著しく増加させ，主な品目別には穀物と澱粉性根茎の供給熱量比率を大幅に下げ（穀物の供給量は若干増加），食肉を筆頭に植物油，動物油脂，卵，乳製品を軒並み大きく増加させ，さらに果実・野菜も増加させるという，かつて日本も高度成長期に経験したという意味での（アジア零細農耕国における高度成長随伴型とでも言うべき）「食生活の西洋化・アメリカ化」が明瞭である。同時に旺盛な動物性蛋白食品の需要により魚類・海産物の増加も目立つ。

　これらを食生活の「多様化」指標で見ると，変化はさらに顕著である（**表5**）。1990年時点では供給熱量構成比80％をなす食料品目は７品目しかなかった。またその内容は，米（主として華中・華南），小麦（主として華北），伝統的農家・残渣養豚による豚肉，野菜など，伝統的とは言え極めて単純な構成だった。それが2018年には２倍の14品目になっている。そこで新たに加わった品目は，馬鈴薯・同製品と地上ナッツ類を除けば畜産物，植物油脂（大豆油とパーム油），トウモロコシ製品という，「アメリカ的」食料，ある

表6 日本の1人年・1日当たり供給熱量構成比上位80%までの食料品目（小分類）とその輸入依存度の変化（1990年と2018年）

順位	品目	1990年 年1人当たり供給量 kg/capita/year	1日1人当たり供給熱量 kcal/capita/day	供給熱量構成比 %	累積供給熱量構成比 %	輸入依存度 %	品目	2018年 年1人当たり供給量 kg/capita/year	1日1人当たり供給熱量 kcal/capita/day	供給熱量構成比 %	累積供給熱量構成比 %	輸入依存度 %
	総計		2,948	100.00	100.00		総計		2,705	100.00	100.00	
1	米・同製品	65.18	699	23.71	23.71	0.2	米・同製品	81.08	582	21.52	21.52	8.3
2	小麦・同製品	43.53	337	11.43	35.14	***88.8***	小麦・同製品	43.60	381	14.09	35.60	***89.3***
3	砂糖（粗糖換算）	22.87	230	7.80	42.94	*62.3*	砂糖（粗糖換算）	6.64	161	5.95	41.55	(1.8)
4	菜種・カラシナ種子油	6.21	146	4.95	47.90	(0.8)	菜種・カラシナ種子油	15.68	159	5.88	47.43	***60.4***
5	牛乳・乳製品（バター除く）	78.04	123	4.17	52.07	*19.6*	牛乳・乳製品（バター除く）	47.59	119	4.40	51.83	4.7
6	トウモロコシ・同製品	19.24	114	3.87	55.94	***99.5***	豚肉	21.45	100	3.70	55.53	***54.4***
7	大豆油	4.44	103	3.49	59.43	(0.6)	大豆	7.94	92	3.40	58.93	***93.4***
8	大豆	8.15	101	3.43	62.86	*97.1*	他の甘味料	9.91	83	3.07	62.00	*14.9*
9	他の甘味料	10.58	88	2.99	65.84	*10.6*	大豆油	3.40	82	3.03	65.03	(1.9)
10	卵	18.96	75	2.54	68.39	1.2	トウモロコシ・同製品	13.25	81	2.99	68.02	***100.0***
11	豚肉	15.39	71	2.41	70.79	*19.1*	卵	19.84	79	2.92	70.94	1.4
12	海底魚	15.17	71	2.41	73.20	*18.4*	他のアルコール飲料	8.76	71	2.62	73.57	*13.6*
13	外洋魚	19.65	71	2.41	75.61	***22.4***	家畜肉	18.78	68	2.51	76.08	***44.5***
14	ビール	54.24	64	2.17	77.78	1.4	他の作物油脂	3.05	60	2.22	78.30	*37.8*
15	他のアルコール飲料	7.81	63	2.14	79.92	*15.3*	他の野菜類	75.35	54	2.00	80.30	***21.5***
16	他の野菜類	98.01	61	2.07	81.99	7.1						

資料：FAO, FAOSTAT Food Balances.

注：1）品目のうち1990年の網掛太字は2018年にランク外になったもの。2018年の網掛太字は新たにランク入りしたもの。

2）「輸入依存度」＝輸入量÷国内消費仕向供給量で、斜体は10%以上、太斜体は20%以上を表す。

3）「輸入依存度」の（ ）内は搾油原料である大豆と菜種の輸入依存度93%・100%を勘案すれば熱量ベース対外依存度が著しく高いと判断されるもの。

いは第2FRでいっそう拡延・深化した「工業的食生活」品目である。

　そしてこれら著しく増加した主要品目の対外依存度を見ると，植物油のうちパーム油はほとんど全て，大豆油は原料大豆の輸入依存度83.1％と超高率であり，また豚肉と家禽肉もそれ自体はほぼ自給だが飼料原料のうち大豆（したがって大豆粕）はほぼ輸入依存である（トウモロコシはなお1.3％）ことを勘案すると，「アメリカ的」食料の消費激増あるいは「食生活の劇的なアメリカ化」はその原料農産物の劇的な対外依存度上昇に支えられ，表裏一体なのである。

　野菜の実供給量316kgというのがにわかに信じがたいが（FAOの近接年でも同水準の数値である），それを除くと「多様化」ではあるが，単純な豊富化であるかどうかはまた別であろう。

　所得階級別家計調査統計のようなデータが得られていないため，階級的食生活の内容と動向は一切検討できないが，以上の1人当たり平均的な，したがってまた全人口総計的な食生活の激変が，中国の農業食料貿易構造のドラスチックな変化と表裏一体であることは当然である。

（3）日本

①食料需給表からみた1人平均の食料消費の変化

　前掲表2のように日本は総供給熱量を，対象6ヵ国中唯一全体として減らし，そのうち植物性も動物性も減らしている。品目中分類別供給熱量構成比では（表6），穀物，澱粉性根茎，砂糖・甘味料，食用豆で減らしているのは他の多くの諸国と共通しているが，油糧作物と魚類・海産物では唯一減らしている国である。特に後者は「魚食」日本として高い水準にはあるが，重量ベースでは年間71.4kgから45.6kgへ25.8kg・36％も減らしている。

　また野菜はアメリカと日本の2ヵ国だけが減らしているが，重量ベースでアメリカが118.6kgから112.9kgへ3％減にとどまるのに対し，日本は116.7kgから92.9kgへ20％も減らしている。

　畜産物では，食肉，乳製品（バター除く），卵ともに構成比を増やしてい

表7 日本家計の実質1人当たり年間食料消費支出額（2019年価格）とその所得階級差の変化

（貨幣単位：2019年価格）

項目	指数基準	年	全世帯	第1分位	第2分位	第3分位	第4分位	第5分位
世帯員1人当たり平均収入（万円）		1990	204	105	140	171	217	352
		2019	208	107	146	173	220	346
世帯員1人当たり平均収入	1990年=100	2019	102	102	105	101	102	98
	第1分位=100	1990	195	100	133	163	207	335
	第1分位=100	2019	194	100	136	161	206	323
消費支出総額	1990年=100	2019	101	108	114	102	94	96
	第1分位=100	1990	131	100	110	121	139	174
	第1分位=100	2019	123	100	116	114	121	155
食料費支出合計（酒類・外食含む）	1990年=100	2019	101	109	114	98	93	96
	第1分位=100	1990	194	100	133	163	207	335
	第1分位=100	2019	194	100	136	161	206	323
穀類（他の穀類含む）	1990年=100	2019	75	81	87	75	70	69
	第1分位=100	1990	99	100	92	97	101	103
	第1分位=100	2019	92	100	99	89	87	88
米	1990年=100	2019	40	44	51	41	35	33
	第1分位=100	1990	92	100	84	88	93	95
	第1分位=100	2019	84	100	98	83	75	72
パン計	1990年=100	2019	132	100	145	122	125	126
	第1分位=100	1990	75	100	71	76	78	81
	第1分位=100	2019	98	100	102	92	97	102
麺計	1990年=100	2019	101	118	107	100	94	95
	第1分位=100	1990	106	100	105	108	110	104
	第1分位=100	2019	91	100	96	91	87	84
牛鮮食肉計	1990年=100	2019	100	109	113	99	92	93
	第1分位=100	1990	118	100	104	113	127	142
	第1分位=100	2019	109	100	109	103	107	121
牛肉	1990年=100	2019	64	77	82	63	54	56
	第1分位=100	1990	123	100	104	112	129	159
	第1分位=100	2019	101	100	110	91	90	116
豚肉	1990年=100	2019	130	143	141	130	121	124
	第1分位=100	1990	120	100	107	117	131	137
	第1分位=100	2019	109	100	106	106	111	118
鶏肉	1990年=100	2019	137	129	144	132	135	143
	第1分位=100	1990	110	100	100	110	117	121
	第1分位=100	2019	117	100	111	113	123	134
生鮮魚介類	1990年=100	2019	57	70	77	56	47	47
	第1分位=100	1990	104	100	91	97	105	122
	第1分位=100	2019	84	100	99	77	70	81
牛乳・乳製品計	1990年=100	2019	114	126	129	110	103	111
	第1分位=100	1990	109	100	106	107	112	117
	第1分位=100	2019	99	100	109	94	92	103
牛乳	1990年=100	2019	68	76	82	68	57	64
	第1分位=100	1990	119	100	122	117	121	132
	第1分位=100	2019	99	100	109	94	92	103
その他乳製品	1990年=100	2019	373	449	404	362	339	352
	第1分位=100	1990	119	100	122	117	121	132
	第1分位=100	2019	99	100	109	94	92	103
生鮮果物	1990年=100	2019	75	99	114	74	57	55
	第1分位=100	1990	102	100	87	94	102	125
	第1分位=100	2019	78	100	100	70	59	69
生鮮野菜	1990年=100	2019	91	107	118	90	80	75
	第1分位=100	1990	104	100	92	98	106	122
	第1分位=100	2019	88	100	101	82	79	86
油脂	1990年=100	2019	106	114	123	108	96	96
	第1分位=100	1990	99	100	95	95	100	103
	第1分位=100	2019	92	100	102	90	85	86
砂糖・菓子　砂糖	1990年=100	2019	49	57	66	52	37	40
	第1分位=100	1990	80	100	76	72	79	75
	第1分位=100	2019	69	100	87	66	51	52
菓子類	1990年=100	2019	113	244	119	109	111	111
	第1分位=100	1990	236	100	223	236	239	265
	第1分位=100	2019	110	100	109	106	109	121
調理食品	1990年=100	2019	173	191	191	165	167	162
	第1分位=100	1990	106	100	100	105	106	117
	第1分位=100	2019	96	100	100	91	93	99
外食	1990年=100	2019	113	98	105	105	112	126
	第1分位=100	1990	148	100	127	143	159	194
	第1分位=100	2019	170	100	136	153	182	250

資料：総務省「家計調査年報」, IMF, *World Economic Outlook Database, April 2021.*
注：1）本表での「所得」は「家計調査年報」の「収入」である。
　　2）1990年支出額の2019年価格への実質化に，IMFの小売価格指数を用いた。

るが，重量では食肉が35.3kgから50.1kgへ11.7kg・31％増，乳製品が78.0kgから47.6kgへ30.5kg・39％減，卵が19.0kgから18.8kgへ微増となっている。同じ先進資本主義国でもアメリカは食肉が112.7kgから123.2kgへ6.3kg・9％増，乳製品が256.7kgから223.7kgへ33kg・13％減，卵が13.4kgから16.2kgへ21％増なので，方向は共通している。

　なお供給熱量構成比累積80％ラインの品目数は1990年の16品目から2018年の15品目とほとんど変わっておらず，また両年とも対象国中，最多である。しかしその「多様性」の内実を見ると，1990年リストにあった海底魚（ヒラメ，カレイ等）と外洋魚が圏外に落ち，代わりにその他の油糧作物油脂が入った。その結果，米とその他の野菜（ここでの「その他」とはトマト，玉ネギ以外という意味）があるほかは，ほとんどが「アメリカ的」ないし「穀物複合体」食料，それに砂糖とアルコール飲料（ワイン，ビール，日本酒を含むその他の醸造酒以外の酒類という意味）が加わっているだけであるから，「豊か」とは言い難い。それは劇的に「多様化」した中国とも類似している（中国がその経済成長のタイムラグに照応して「東アジア的食生活の遅れてきたアメリカ化」を辿っていると言うべきかも知れない）。

　総じてまずは平均的に見た場合に，日本の食生活は全体的に萎縮過程を描いている。

②家計支出調査にみる階級的食生活の動向

　最初に1990年と2019年の世帯員1人当たり家計収支概況の変化（IMF小売価格指数による2019年実質価格）から**表7**で見ると，最大の特質はこの約30年間に全世帯平均で実質収入がほとんど増えていないことである。これを収入5分位階級別で見ると，第2分位が相対的にもっとも増え（といってもわずか5％），最富裕層である第5分位では逆にわずかながら減少している。この結果，1人当たり収入について，第1分位と第2分位の格差がわずかに広がったが，それ以上の中間・富裕層との格差はほとんど変わらず，最富裕層の第5分位との間では縮小した。これは収入階級を10分位に分けた場合，

第1分位に対して第2〜第9分位までが若干格差を広げたが，最富裕層の第10分位は格差が縮まっており，ある程度似た傾向になっている。

　こうして収入面で最貧困層がその上の階層との比較でより貧困になるいっぽう，それ以上との格差はほとんど変わらず，最富裕層の優位性は若干ながら後退した。とは言え最富裕層の収入は最貧困層に対して直近でも3.2倍以上あり（第10分位ではその優位性はほとんど変わらず，倍率は4.7倍），格差縮小社会化したわけでは決してない。

　いっぽう1人当たり消費支出総額ではもっとも増やしたのが第2分位，次いで第1分位であり，第4分位，第5分位では逆に実質的に減らしている。食料費支出では第3分位までもが支出を減らしている。このため消費支出総額の格差は総じて第2分位以外では縮まり，さらに食料費支出額では第3分位以上の優位が少しながら縮小した。

　このように収入格差と較べると消費格差は大幅に小さく，富裕層ほど収入のより多くを金融資産蓄積等に回している。さらに食料費支出については，中間からやや富裕層にかけては実質額を減らしており，かつての中間層の消費面での陥没とでも言うべき異様な事態が生じている[11]。

　以上のようなほとんど実質所得が伸びず，ダイナミズムに乏しい家計収支状況下で，主要品目別の消費動向はどうか。まず先の食料需給表でみた総供給熱量，そのうち植物性，動物性ともに減少するという萎縮的な動きは，1人当たり収入の中・富裕層における停滞および減少（最富裕層），それに規定されたそれら階層での食料費支出の実質減少を反映していると考えて良いだろう。

---

(11) 収入階級10分位別に世帯員1人当たり食料費支出実質額を算出した場合は，最貧困の第1分よりも増加率が小さくなってしまったという収入階級はない。この違いは，10分位における第1分位＝100に対して第2分位が113とかなり高いのに対して第4分位109，第5分位105，第6分位101，第7分位105，第8分位107といった階級が相対的に低いことが背景にある。このため下位2階級を合算した5分位別における第1分位の食料費支出額が高めになり，その上のいくつかの階級がそれより低い数値になると判断される。

　まずそれ自体としては他国と共通している穀物の減少だが，実質支出額ベースの増減でみると穀類合計（小麦粉，もち，その他を含む）で25％減少し，かつ逆階層性が明瞭である（富裕層ほど減少幅が大きい）。減少は米で極めて顕著であり，パンと麺は増やしており，これまた逆階層性が明瞭である。購入数量ベースで見てもほぼ同様で（表出略），パンは全世帯で41％増，麺も21％増である。

　食肉は生鮮肉計の支出額で全世帯不変，しかし第2分位まで増加，それ以上が減少とやはり逆階層的である。同数量では全世帯31％かつ全階級で増やしているが，増加度合は逆階層的である。このうち牛肉は支出額でも数量でも全階級で減らしており，減少度合は逆階層的である。

　豚肉と鶏肉は全階級で支出額，数量とも増やしており，このうち鶏肉がいずれの階級でも豚肉より増加率が大きい。豚肉では増加度合が逆階層的，鶏肉では支出額が第2分位と第5分位，数量が第4・第5分位で他分位より大きい。

　また加工肉は支出額だけのデータだが全世帯計はほとんど変化なしで，下位2分位で明らかな増加，上位2分位で明らかに減少と，これまた逆階層性が明瞭である。

　こうして食肉をまとめると，生鮮肉合計では支出額不変・数量増大（だから実質単価低下）で明瞭な逆階層性があり，それは加工肉でも同様である。肉種別では牛肉が減少で階級間格差縮小，豚肉は増加だが同じく格差縮小，鶏肉は増加でかつ格差拡大となっている。数量単価は高いが脂身が多く健康に良くない（と概念されている）牛肉で逆階層的に支出額ベースの消費が減少し，逆に単価は安いがより健康的と観念されている家禽肉の消費が増加しているというのは，Otero（2018）がアメリカ，メキシコの検討から指摘した動向と共通性がある[12]。

---

(12) Oteroは主としてこのような事実がNAFTA下で進行したことから家禽肉を「新自由主義食肉」と呼んでいるが（p.95），この概念化は論理的説明が不十分のように思われる。

牛乳・乳製品のうち，牛乳は支出額でも数量でも30％前後減少しており，また逆階層的である。その他乳製品は全世帯の支出額で４倍近くにまで増えたが，ここでも逆階層的であり，階級間格差が縮小した。日本の世帯における乳製品支出額の大宗はヨーグルト（2019年に全世帯計で乳製品中61％），ついでチーズ（同28％）だが，前者は数量が得られないのでチーズ数量を見ると，この間に全世帯計で2.5倍，階級別にも2.4倍〜2.7倍へと大幅に増加しているが，若干の逆階層性がある。各種EPA/FTAで乳製品輸出国が軒並みチーズ市場開放に固執した背景が確認できる。

　「耐久食品」ないし「高度工業的・再構成可食商品」について，まず一般的原料である油脂を見ると，全世帯計で支出額が若干増加しているが数量は微減である。ここでも逆階層性があり，しかも下位２分位の方が上位３分位よりも購入数量が多い。砂糖は全世帯計の支出額が半減し，数量でも36％減少した。しかしこの減少の中にも逆階層性が明瞭で，支出金額でも数量でも最貧困層がもっとも大きい。また菓子類（家計調査項目分類－金額ベースしかない－で見ればその大半が甘味菓子）は全階級的に支出額を増やしているが，その増やし方では逆階層性が明瞭で，とりわけ最貧困層は2.4倍へと突出して増やしている。階級別支出額では階層性が大きく緩和されている。

　調理食品は（菓子以上に）あまりにも多様で，「高度工業的・再構成可食商品」と「ラグジュアリー食品」とが混成しているので簡単に判断できないが，全世帯の支出額が1.7倍へ大幅に増加しており，かつ逆階層性が明瞭である（最富裕層でも1.6倍に増やしているが）。そして支出額自体は2019年になると多少ではあるが，上位３分位の方が下位分位よりも少なくなっている。

　これに対して外食は，全世帯で13％増加し，かつ最貧困層がわずかながら減少させたのに対し上位２分位の増加が相対的に大きく，特に最富裕層は26％増やしている。そして階級間格差が鶏肉（支出額ベース）とこの外食だけが1990年よりも拡大しており，さらに外食での格差（最富裕層が最貧困層の2.5倍）は本分析における分類で最大になっている。

　これらのことから，概略的に調理食品は「高度工業的・再構成可食商品」

の性格が強く，外食は「ラグジュアリー」食生活の性格を非常に強く帯びていると言って良いだろう。こうした性格が日本の食料農業貿易（輸入）の構造動態とどのように表裏一体関係にあるかを詳らかにするだけの準備はないが，大略，調理食品では「アメリカ的」ないし「穀物複合体的」農産物，さらには「世界の台所」諸国産の調理食品そのものの輸入増加に結びつく傾向をもち，外食の一部は「ラグジュアリー食料」の輸入増加と結びついていると考えられる。

　先行研究で「高品質・貢献高栄養価・ラグジュアリー食料」の典型と位置づけられている食料のうち，まず魚介類，とくに生鮮魚介類を見ると，その実質支出額は全世帯で57％へと激減しており，階級別には基本的に富裕層ほど減り方が激しい。階級間格差は，1990年には第2分位と第3分位で最貧困層より少なかったが，それ以上の富裕層では多かった。しかし2019年には基本的に逆階層的に転じた（最富裕層で多少盛り返しがあるが）。以上の変化趨勢と階層性は数量で見ても同様である（全世帯で58％へ激減，最貧困層で72％へ，最富裕層で49％へ）。

　先にFAO食料需給表ベースで大幅減少が観察されたが，それは家計消費においても同様で，他方で生鮮肉では全体として（そして牛肉以外で）支出額でも数量でも顕著に伸ばしているのである。「魚食」が「日本的食生活」の重要な柱だったとすれば，それは食肉へのシフト（meatification）と表裏一体で，逆階層性を持ちながら瓦解傾向にあると言える。それが寿司などの調理食品や外食への「食事形態」シフトで何かしら緩和されているとしても，食料需給表での減少からしてこの傾向を覆すものにはなっていない。

　生鮮果物・野菜——いずれもFAO食料需給表による1人平均供給量では熱量構成比でも重量でも減少していた——を見よう。生鮮果物は，全世帯計の支出額で25％，数量で28％減らしている。階級的には第2分位だけがいずれも増やしつつ，全体として逆階層性が明瞭である。特に第4分位と第5分位で支出金額がそれぞれ43％減・45％減，数量で46％減・50％減と激しい。その結果，これら富裕層が最貧困層よりも支出額でも数量でも小さいという，

ある種異様な事態になっている（1990年にも多少その兆候はあったが）。

　生鮮野菜も生鮮果物ほど激しくないものの，同じ傾向である。

　最初にこの間の日本世帯は全体として収入（所得）が極めて停滞的であり，かつ最富裕層の相対富裕性が低下していることが観察された。また多くの品目・費目で富裕層ほど実質支出の伸びが鈍く結果的に階層間格差が縮小するという，階級的食生活の「萎縮」とでも言うべき現象が生じていた。

　そこに生鮮果物・野菜における著しい逆階層性・負の格差化の一背景があることが考えられるが，他方で外食における階層性・格差化はもっとも顕著であった。そこから富裕層における生鮮果物・野菜の消費形式（場所）が世帯内から外食産業へ大きくシフトした可能性も大きい。実は後述するベトナムの家計調査統計でも，実質所得の顕著な増加にもかかわらず（ただしベトナムでは所得格差も拡大している），野菜の購入数量が大幅に，果実が若干，減少しており（ただし階層間格差は正），他方で外食支出額が激増しているという結果があり，野菜・果実消費の世帯内から外食へのシフトの可能性が示唆されたが，両国とも家計調査統計ではそれを検証できないため，外食産業の食材使用量統計や消費サンプル調査等で明らかにする必要がある。

　世帯・家計内から外食への食料消費の形態と場所のシフトは世界的に大きなトレンドであり，かつそれは一般論として資本による食生活の包摂深化に外ならないが，そこで「どこで，誰が，どのように」生産した農水産物・加工品を食べているか，したがってまたそれが世界食料農業貿易の構造と動態，ひいてはそれらを担うアグリフードビジネス等の運動と含むフードレジームの今日的ありようと，どのような表裏一体関係にあるかを詳らかにする課題は，現局面の国内外農業食料市場分析にとってますます重要性を増している。

（4）メキシコ

　前掲表2から，メキシコの1人平均1日当たりの供給熱量は約30年間に6.3％増え，とくに動物性が5割増えた一方で植物性はわずかに減少した。供給熱量構成比でなんと言っても増えたの食肉であり（5.9％から11.2％へ），

他に伸びが著しいのが卵（1.3％から2.3％へ），また構成比絶対水準が高くかつ上昇しているのが植物油（7.7％から9.3％へ），乳製品（4.8％から5.3％）である。なお比率は下がっているものの水準が顕著に高いのが砂糖・甘味料（14.1％）である。

　年1人当たり供給量で見ると，供給熱量構成比を下げた穀物は合計で171kgから157kgへ8％減，うち伝統的主食のトウモロコシが124kgから117kgへ6％減，小麦が42kgから31kgへ26％減に対し米が4.1kgから8.4kgへ倍増している。食肉は34.7kgから69.3kgへほぼ倍増，うち家禽肉が9.9kgから34.5kgへ3.5倍化，豚肉が9.3kgから18.2kgへほぼ倍増しており，牛肉は13.6kgから15.1kgへ11％増である。卵は10.1kgから19.9kgへほぼ倍増させた。また植物油は9.4kgから10.6kgへ13％増だが，大豆油はほぼ4kgで不変なのに対しパーム油が0.5kgから3.3kgへ劇的に増えた。

　他方，野菜は51kgから79kgへ55％増，果実は89kgから117kgへ32％増，さらに魚介類は12kgから14kgへ16％増という数字になっている。

　1985，2007，2013年のメキシコ収入5分位別家計消費支出（明記がないが世帯員1人当たりではなく世帯合計額と思われる）の変化を検討したOtero（2018）によると，(a) 食料消費支出の階層差は若干縮小する傾向があるが依然として大きい（2013年でも最富裕層に対して最貧困層は32％）。(b)「ラグジュアリー食料」の典型として果実を見ると，2007年から2013年には格差が拡大しており，2013年に最富裕層に対して最貧困層は19％，(c) 基礎食料であるコーン・トルティーヤは第2分位（下から2番目の収入階級）まではむしろ逆階層性があり（最富裕層より支出額が多い），最貧困層も最富裕層に対して1985年46％から2013年85％へ高めている。(d) 砂糖は1984年にはゆるやかな階層性があったが2013年には明確な逆階層性を示す（最富裕層に対して最貧困層が153％），(e) 油脂も1984年に逆階層性があり，2007年にかけて緩和されたが，2013年にかけては再び貧困層ほど増やしていた（do., pp.121-123）。

　本書での1人平均データの動きを，このOteroの分析結果を踏まえて仮説

表8　メキシコの1人・1日当たり供給熱量構成比上位80%までの食料品目（小分類）とその輸入依存度の変化（1990年と2018年）

順位	品目	1990年					品目	2018年				
		年1人当たり供給量 kg/capita/year	1日1人当たり供給熱量 kcal/capita/day	供給熱量構成比 %	累積供給熱量構成比 %	輸入依存度 %		年1人当たり供給量 kg/capita/year	1日1人当たり供給熱量 kcal/capita/day	供給熱量構成比 %	累積供給熱量構成比 %	輸入依存度 %
	総計	2,969		100.00	100.00		総計	3,157		100.00	100.00	
1	トウモロコシ・同製品	124.38	1,054	35.50	35.50	23.4	トウモロコシ・同製品	117.38	995	31.52	31.52	42.6
2	砂糖（粗糖換算）	50.37	491	16.54	52.04	44.6	砂糖（粗糖換算）	36.80	359	11.37	42.89	5.2
3	小麦・同製品	41.73	298	10.04	62.07	8.8	小麦・同製品	30.73	222	7.03	49.92	86.3
4	牛乳・乳製品（バター除く）	97.01	141	4.75	66.82	34.6	牛乳・乳製品（バター除く）	92.39	168	5.32	55.24	9.4
5	食用豆類	10.58	102	3.44	70.26	31.2	豚肉	18.18	166	5.26	60.50	42.0
6	大豆油	4.03	98	3.30	73.56	(47.6)	家禽肉	34.46	131	4.15	64.65	22.6
7	豚肉	9.33	84	2.83	76.39	5.7	大豆油	4.02	110	3.48	68.13	(94.8)
8	ヒマワリ油	2.50	60	2.02	78.41	77.6	食用豆類	9.30	90	2.85	70.99	12.7
9	動物油脂（非精製）	3.03	59	1.99	80.40	57.8	他の甘味料	9.65	83	2.63	73.61	144.4
10							パーム油	3.34	81	2.57	76.18	87.1
11							卵	19.85	72	2.28	78.46	1.8
12							米・同製品	8.38	59	1.87	80.33	82.0

資料：FAO, FAOSTAT Food Balances.

注：1）品目のうち1990年の網掛太字は2018年にランク外になったもの、2018年の網掛太字は新たにランク入りしたものである。
　　2）「輸入依存度」＝輸入量÷国内消費仕向け供給量で、斜体は10%以上、太字体は20%以上を表す。
　　3）大豆油の輸入依存度は大豆のそれ。

的に解釈すると，①穀物（とくに主食コーン・トルティーヤ）の減少が進行しているが逆階層的，②食肉消費増加は相対的に安価な家禽肉が激増していることからかなり幅広い階層で進行している，③「高品質・健康的・高付加価値・ラグジュラリー」な食生活を追求することが可能になった富裕層を中心に，一方で生鮮果実消費を増やし他方で砂糖・油脂やそれを一般的原料とする「高度工業化・再構成可食商品」の消費は減らす動きがあり，④貧困層は砂糖・油脂が直接・間接に多用された「熱量濃密」型工業的食料ないし「高度工業化・再構成可食商品」に相対的に高く依存する状況がある，という動態が推察される。

つまり全体として「アメリカ化」の方向での食生活再編であり，あくまでその内部でもっとも富裕な階層はアメリカの富裕層に似て「高品質・健康的・ラグジュラリー」食生活を指向し，貧困層ほど主食へ依存しつつ「熱量濃密」ないし「高度工業化的・再構成可食商品」型食料をより多く摂取するという，階級的食生活の分化が進行していると見られるのである。

表8によると，供給熱量上位食料は9品目から12品目に「多様化」しているものの，新たに加わったのは米を除けば家禽肉，その他の甘味料（ほぼトウモロコシ原料の果糖ブドウ糖液糖HFCSと見られる），パーム油，卵という「アメリカ的」食生活品目である。その結果，トウモロコシ，小麦，豚肉，家禽肉，大豆油（原料大豆をみれば圧倒的に），甘味料（≒HFCS），パーム油という「アメリカ的」ないし「穀物複合体」食料が（さらに米すらも），高度に輸入依存的であり，後述のようにパーム油以外はことごとくアメリカ依存一辺倒なのである。

（5）ブラジル

ブラジルは周知のように，そして後段で詳論するように，中国の「食生活のアメリカ化」の最重要品目要素の一貫をなす大豆（食用植物油脂の消費増大と大豆粕＝工場的畜産の飼料原料をつうじた食肉消費の増大を支える）の最大供給国として，その農業食料輸出国としての位置と構造を大きく変貌さ

表9 ブラジルの1人年・1日当たり供給熱量構成比上位30%までの食料品目（小分類）とその輸入依存度の変化（1990年と2018年）

| | | 1990年 | | | | | 2018年 | | | | |
順位	品目	年1人当たり供給量 kg/capita/year	1日1人当たり供給熱量 kcal/capita/day	供給熱量構成比 %	累積供給熱量構成比 %	輸入依存度 %	品目	年1人当たり供給量 kg/capita/year	1日1人当たり供給熱量 kcal/capita/day	供給熱量構成比 %	累積供給熱量構成比 %	輸入依存度 %
	総計		2,719	100.00	100.00		総計		3,301	100.00	100.00	
1	砂糖（粗糖換算）	46.44	453	16.66	16.66	0.0	小麦・同製品	55.29	397	12.03	12.03	58.9
2	米・同製品	40.69	414	15.23	31.89	5.7	砂糖（粗糖換算）	39.31	383	11.60	23.63	0.1
3	大豆油	13.05	317	11.66	43.55	0.5	米・同製品	46.17	322	9.75	33.38	6.7
4	小麦・同製品	43.55	313	11.51	55.06	27.9	大豆油	12.70	308	9.33	42.71	0.5
5	トウモロコシ・同製品	21.66	186	6.84	61.90	3.1	牛乳・乳製品（バター除く）	141.79	248	7.51	50.23	2.1
6	牛乳・乳製品（バター除く）	92.40	152	5.59	67.49	5.4	トウモロコシ・同製品	28.45	244	7.39	57.62	1.5
7	キャッサバ・同製品	53.97	125	4.60	72.09	0.5	家禽肉	47.05	201	6.09	63.71	0.0
8	食用豆類	13.41	124	4.56	76.65	3.0	牛肉	37.47	157	4.76	68.46	0.6
9	牛肉	27.51	110	4.05	80.69	5.8	食用豆類	13.21	122	3.70	72.16	2.7
10							豚肉	13.52	103	3.12	75.28	0.1
11							動物油脂（非精製）	2.36	73	2.21	77.49	2.8
12							キャッサバ・同製品	30.60	72	2.18	79.67	0.2
13							パーム油	2.82	68	2.06	81.73	36.3

資料: FAO, FAOSTAT Food Balances.

注：1) 品目のうち1990年の網掛太字は2018年にランク外になったもの、2018年の網掛太字は新たにランクインしたもの。

2)「輸入依存度」＝輸入量÷国内消費仕向け供給量で、太斜体は10%以上、斜体は20%以上を表す。

せたが，そうした過程で同国自体の食生活はどう変化したのか。

　まず前掲**表2**から，この約30年間に総供給熱量を21％増やし，うち植物性も増やしたが動物性を89％と激増させたため，その構成比は16.7％から26.1％と，ほぼアメリカ並みの水準に達した。供給熱量構成比では，穀物（33.9％から29.9％へ）・澱粉食料および砂糖・甘味料と食用豆が減少し，食肉が7.9％から14.2％へ2倍近く激増し，植物油，乳製品も顕著な増加を示した。

　これらの点から概括すると，ブラジル食生活の大きな変化の方向もまた「アメリカ化」と言える。

　その他では，一応「高品質・健康的・高付加価値・ラグジュアリー」食料と大ぐくりに分類した野菜，アルコール飲料，魚類・海産物は構成比が増え，果実は減っている。参考に1人当たり年間供給量で見ると，野菜が34.3kgから51.4kgへ（50％増），魚類・海産物が5.8kgから9.0kgへ（56％増），また果実も90.1kgから99.7kgへ（11％増），それぞれ増えている。

　ブラジルは家計調査統計を得られていないので推測の域を出ないが，全体として「アメリカ化」が進行して食肉と植物油の消費が大幅に増え，これは「肉食化meatification」と，植物油を一般的原料とする「高度工業的・再構成可食商品」の消費増を含んでおり，同時に階級的食生活の深化によって，中上層階級において野菜，魚類・海産物，アルコール飲料（ブラジル伝統のサトウキビ・ラム酒よりもワイン，ビール），さらに果実の消費が増えるという分岐が進行している可能性がある。

　これを「多様性」の観点から見ると（**表9**），供給熱量構成比累積80％までを占める食料は9品目から13品目へ「多様化」した。1990年時点の「砂糖＋炭水化物＋大豆油＋牛乳・乳製品＋食用豆＋牛肉」が熱量素材として主体をなす食生活とは，具体的にいかなる加工・料理がなされた食事形態なのか，筆者には基礎的知見がないが，炭水化物（米，トウモロコシ，キャッサバ）＋食用豆を中心とする伝統的なそれと，砂糖（第1FRにおける植民地品目）と大豆油（第2FRの後半にブラジルに移植・拡大された「耐久食品」原料

品目）から多量の熱量を接種するという特殊ブラジル的なそれとの組み合わせのように見える。

　2018年までに加わった家禽肉，豚肉，動物油脂，パーム油の４品目は，ブラジルの食生活を供給熱量構成比でアメリカ以上の食肉偏重型と食用油偏重型にするもので，全体として，かつ平均的には不健康化を促す変化と言える。

　このうち小麦・同製品は供給熱量構成でトップに立つと同時に対外依存度を６割近くへと大幅に高め，また新たにランクインしたパーム油も対外依存度が高い。他方でおなじく上位に入っている砂糖の自給率243％，米96％，大豆油120％（大豆248％），牛乳・乳製品98％，トウモロコシ128％など，農業生産・輸出巨大国となっているブラジルにとっては，およそ「選り好み」をしなければ食料安全保障に問題はないと言えるかも知れない（しかしプーチン・ロシアのウクライナ侵略が招いた「世界肥料危機」で大きく揺らいでいる）[13]。

　しかしそのように自国農業を比較的少数の大規模輸出品目に編成しながら，他方で「アメリカ化」にともなって増える小麦（パン食）や油料理・加工食品用と見られるパーム油の対外依存度を上げているのは，ブラジル農業のいっそうの「世界農業」化の食生活への反映だろう。

（6）ベトナム

①食料需給表からみた１人平均の食料消費の変化

　ベトナムの食料消費が劇的に変化している。

　前掲表2にあるように，この約30年間にベトナムの実質１人当たりGDPは2,041USドルから9,538ドルへ4.7倍化しており，これは中国の1,413ドルから

---

(13) 2022年のブラジル肥料輸入依存度が概算82％（輸入量3,680万トンとそれに国内生産を加えた総供給量4,510万トンから計算），３大要素肥料の上位輸入先が窒素肥料でロシア第１位，中国第２位，リン酸肥料で中国第１位，カリ肥料で第１位カナダ，第２位ロシア，第３位ベラルーシ，２成分以上肥料で第２位ロシア，第３位中国などとなっている。JETRO（2022a）（2022b）より。

15,158ドルへの10.7倍ほどではないが，対象国の中で極めて大きい。そして
1人当たり総供給熱量は1,905kcalから3,025kcalへ1.57倍化して中国の1.28倍
を大きく上回り，うち動物性熱量が170kcalから673kcalへ何と3.96倍化し（中
国でも2.52倍化），その絶対量も日本を抜いてメキシコに迫るほどとなって
いる。

　品目別供給熱量構成比でも，食肉が6.4％から15.5％へ激増したのをはじめ，
油糧作物，野菜，ナッツ，動物油脂，乳製品が構成比を2倍以上に高め，さ
らに砂糖・甘味料，植物油，魚類・海産物も相当に高めている。

　1人当たり平均供給量ベースで見ると，食肉が15.4kgから65.2kgへ（うち
豚肉が10.3kgから37.7kgへ，家禽肉が2.5kgから15.9kgへ，牛肉も2.4kgから
11.3kgへ），油糧作物が1.8kgから17.9kgへ（ただしこれは主体である大豆の
豆腐形態での消費増の可能性が高い），砂糖・甘味料が5.0kgから12.3kgへと
なっている。

　また野菜が44.1kgから172.5kgへ（FAO食料需給表の非連続性を鑑みても
容易に理解しがたい増え方と到達水準），果実が42.2kgから80.2kgへ，ナッ
ツ類が0.4kgから22.6kgへ，魚類・海産物が12.7kgから37.3kgへ（うち淡水魚
が3.4kgから15.0kgへ），牛乳・乳製品が1.3kgから7.7kgへ，卵が1.2kgから
5.1kgへ，などの増加も目立つ。

　以上の供給熱量，重量ベースの品目構成を見ても，全体として食肉を筆頭
とする畜産物，油脂，砂糖・甘味料の激増を内容とする「食生活のアメリカ
化」が変化の主側面であり，これに大豆（恐らくは豆腐），野菜，魚介類の
著増も伴うというベトナム的特質が随伴していると言えよう。なお食肉と淡
水魚については，輸入濃厚飼料依存型工場的畜産・養魚の急速な進展との表
裏一体性が示唆される。

　こうした意味で栄養構成上は新自由主義食生活の浸透・シフトが顕著であ
るが，それが一般的に高度に加工された簡便食品という具体的な食品形態を
取っている訳ではなく，また野菜，果実，魚介類の摂取増加（統計的事実と
して間違いないとすれば）を伴っている点にも，注意が必要だろう。

表10 ベトナムの1人・1日当たり供給熱量構成比上位80%までの食料品目（小分類）とその輸入依存度の変化（1990年と2018年）

順位	品目（1990年）	年1人当たり供給量 kg/capita/year	1日1人当たり供給熱量 kcal/capita/day	供給熱量構成比 %	累積供給熱量構成比 %	輸入依存度 %	品目（2018年）	年1人当たり供給量 kg/capita/year	1日1人当たり供給熱量 kcal/capita/day	供給熱量構成比 %	累積供給熱量構成比 %	輸入依存度 %
	総計		1,905	100.00	100.00		総計		3,025	100.00	100.00	
1	米・同製品	133.44	1,353	71.02	71.02	0.0	米・同製品	205.52	1,319	43.60	43.60	0.3
2	豚肉	10.34	101	5.30	76.33	0.0	豚肉	37.67	370	12.23	55.83	(2.3)
3	甘藷	23.79	62	3.25	79.58	0.3	トウモロコシ・同製品	14.68	124	4.10	59.93	71.5
4	トウモロコシ・同製品	6.66	56	2.94	82.52	0.3	小麦・同製品	14.18	112	3.70	63.64	98.6
5							大豆	10.02	106	3.50	67.14	94.6
6							他の植物油	165.47	106	3.50	70.64	7.3
7							ナッツ・同製品	22.63	95	3.14	73.79	39.6
8							砂糖（粗糖換算）	10.11	94	3.11	76.89	13.5
9							家畜肉	15.89	59	1.95	78.84	39.1
10							落花生	4.84	55	1.82	80.66	23.8

資料：FAO, FAOSTAT Food Balances.

注：1）品目のうち1990年はランク外になったもの、2018年の網掛太字は新たにランク入りしたもの。

2）「輸入依存度」＝輸入量÷国内消費仕向供給量で、斜体は10%以上、太斜体は20%以上を表す。

3）「輸入依存度」の豚肉（　）内は飼料原料であるトウモロコシと大豆の輸入依存度71.5%と94.6%を勘案すれば熱量ベース対外依存度が著しく高いと判断される。

　次にこれらを「多様性」の観点から見ると（**表10**），その変化の内容はあまりにも鮮明である。すなわち供給熱量累積構成比80％を占める食料が4品目から10品目へ劇的に増えたが，その「多様化」した諸品目見ると，野菜，ナッツを除けばいずれも「アメリカ的食生活」品目であり，かつ食肉およびその飼料原料であるトウモロコシと大豆を総合すれば極端に輸入依存度を深めている。ベトナムは輸出面では新興農業国化しながら国民食生活の「多様化」の内実は「アメリカ化」＝「アメリカ的」食料輸入依存という形で「工業化」し資本に深く包摂される方向であり，「日本」化軌道とすら言いうる。

②家計支出調査にみる階級的食生活の動向

　ベトナムの家計調査統計の概略版によって，2006年と2016年の食料消費支出の動向を検討する。まず**表11**によって世帯員1人当たり所得の動向を見ると，全国平均の実質所得がこの10年間に2.1倍へ著しく伸びた（VNDはベトナム・ドン）。しかしその伸びは都市と農村，またそれぞれ内部での所得階級間で差異があるため，格差は必ずしも縮小していない。特に都市に対する農村の低位が平均的に縮小されず，そのため都市内部での格差は若干縮小したものの（それでも第1分位に対して第5分位は7倍以上の所得），とくに農村の低所得諸階層の低位性がかえって深まっている。

　次に**表12**によって全国一括の品目分類別実質食料支出額の所得階級別変化を見ると（品目分類が大きすぎるのだが），まず最貧困層で所得の伸び以上に消費支出を伸ばしており，それ以上の中上層では消費支出の伸びの方が小さい（消費性向が低く，貯蓄等に回している）。食料支出総額については，ほぼ全ての階層で所得の伸びよりも小さい。

　品目別にはまず米は最貧困層で実質支出額を増やしている以外，その他の階層で減らしている。そして多くの品目，すなわち食肉，穀物（米以外ということになる）・油脂，エビ・魚類，卵，豆腐，砂糖・糖蜜・牛乳・甘味菓子，茶・コーヒー，ワイン・ビール，他の飲料，そして外食において，第3分位ないし第4分位以下の方がそれ以上の富裕層よりも支出をより大きく伸

表11　ベトナム家計の全国および都市・農村別月平均世帯員1人当たり所得階級別の
　　　1人当たり実質所得の変化と格差（都市第1分位＝100）（2006年と2016年）

（単位：2016年価格による実質千ベトナムドン）

地域区分		年次	所得5分位階級					
			平均	第1分位	第2分位	第3分位	第4分位	第5分位
実数 （2016年 価格）	全国	2006	1,468.7	425.3	735.8	1,058.9	1,565.8	3,557.3
		2016	3,097.6	770.6	1,516.5	2,300.9	3,355.7	7,547.3
	都市	2006	2,442.1	701.4	1,327.7	1,864.6	2,575.3	5,741.5
		2016	4,551.3	1,452.0	2,511.1	3,436.1	4,742.9	10,622.6
	農村	2006	1,166.8	397.1	662.2	910.0	1,274.6	2,590.0
		2016	2,422.7	667.3	1,233.3	1,865.4	2,705.5	5,643.9
都市第1分 位＝100に 対する格差	都市	2006	348	100	189	266	367	819
		2016	313	100	173	237	327	732
	農村	2006	166	57	94	130	182	369
		2016	167	46	85	128	186	389

資料：The General Statistics Office, *Result of the Vietnam household living standards survey 2016*,
　　　小売価格指数は，IMF, *World Economic Outlook Database, October 2020*.
注：2016年には1ベトナムドン≒0.0050円だったので、全国平均3,097.6千ベトナムドン≒15,000円。

ばしており，その結果，最貧困層に対する格差は大なり小なり縮小した。逆に富裕層の方が支出を大きく伸ばし，格差が拡大したのが，食用豆，落花生・胡麻種子である。

　階級平均で支出額を2倍以上に増やした品目として，外食（指数で323へ），砂糖・糖蜜・牛乳・甘味菓子（281），果実類（208）があり，1.5倍以上に増やしたのが食肉（187），野菜類（181），他の飲料（176），卵（176），ワイン・ビール（170），茶・コーヒー（165），穀物・油脂（151）である。

　上述のように多くの品目分類で中下層ほど支出を伸ばして格差が縮小したが，それでも支出額格差の絶対幅が極めて大きいものが多く，その点で前述したアメリカ，日本という先進資本主義国とは異なっており，新興国での階級的食生活の深さが確認できる。2016年時点でも最貧困に対する最富裕層の支出額が2倍（指数200）を超えるものが15分類中10分類あり（一部表出略），そのうち3倍を超えるものが6分類ある（大きい方から指数866の外食，634の果実類，539の他の飲料，446の砂糖・糖蜜・牛乳・甘味菓子，353の茶・コーヒー，334のワイン・ビール）。

　食料消費支出額＝購入数量×単価なので，それらに分解した階級的食生活

表12　ベトナム家計の実質1人当たり年間食料消費支出額（2016年価格）と
その所得階級差の変化

			所得階級別					
			全世帯	第1分位	第2分位	第3分位	第4分位	第5分位
消費支出総額	1990年=100	2016	190	192	200	194	183	167
	第1分位=100	1990	228	100	141	186	258	453
		2016	225	100	147	188	246	394
食料費支出合計（酒類・外食含む）	1990年=100	2016	183	181	183	181	181	167
	第1分位=100	1990	187	100	133	166	211	325
		2016	189	100	134	165	210	299
米	1990年=100	2016	94	106	91	91	91	94
	第1分位=100	1990	101	100	104	103	99	99
		2016	90	100	90	88	85	88
食肉	1990年=100	2016	187	242	209	200	177	150
	第1分位=100	1990	220	100	148	193	257	404
		2016	170	100	127	159	188	249
米以外穀物・油脂	1990年=100	2016	151	192	154	150	139	127
	第1分位=100	1990	139	100	125	139	157	182
		2016	110	100	100	109	114	121
エビ・魚類	1990年=100	2016	166	190	184	169	155	143
	第1分位=100	1990	204	100	153	193	239	335
		2016	178	100	148	171	195	253
豆腐	1990年=100	2016	136	176	141	142	125	120
	第1分位=100	1990	164	100	143	157	186	221
		2016	126	100	114	126	132	151
沙糖・糖蜜・牛乳・甘味菓子	1990年=100	2016	281	335	400	358	301	194
	第1分位=100	1990	326	100	162	235	359	771
		2016	274	100	193	251	322	446
ワイン・ビール	1990年=100	2016	170	205	180	181	178	133
	第1分位=100	1990	232	100	132	172	256	512
		2016	193	100	116	153	223	334
野菜類	1990年=100	2016	181	205	185	181	174	163
	第1分位=100	1990	169	100	131	153	190	271
		2016	150	100	118	135	162	215
果実類	1990年=100	2016	208	169	205	220	212	186
	第1分位=100	1990	269	100	153	203	303	578
		2016	330	100	186	264	380	634
外食	1990年=100	2016	323	493	446	318	305	265
	第1分位=100	1990	654	100	242	484	830	1,612
		2016	428	100	219	312	513	866

資料：The General Statistics Office, *Result of the Vietnam household living standards survey 2016*,
　　　小売価格指数は，IMF, *World Economic Outlook Database, October 2020.*

の状況を，数量の検討に意味があるくくりの品目について検討しておく。

　するとまず米は全ての階級で数量を減らし（劣等財化），富裕層ほどより大きく減らしているため数量の階級間格差は縮小した。しかし購入単価の格差はわずかながら広がっており，したがって少なくとも家庭内の消費としては貧困層ほど米への相対的依存度が高く，富裕層ほどより高い米をより少量消費するようになった。

　次に食肉では，階級平均でも各階級でも数量の伸びが大きいが，その伸びは逆階層性を持ったため格差は縮小した。とは言っても最富裕層は最貧困層の２倍近くを消費している。また単価の格差も縮小しており，かつその格差は数量よりもかなり幅が小さい。したがって富裕層ほど相対的に高価な食肉をより多く消費しているが，その数量差・価格差は程度は異なるが縮小している。この背景に，国内での輸入濃厚飼料依存型工場的食肉生産の普及（とくに豚肉）およびそうした食肉自体の「本場」（アメリカ，オーストラリア）からの輸入急増による工業的大量生産安価食肉の食生活への浸透が示唆される。

　エビ・魚類では，階級平均でごくわずかながら数量が減り，また富裕層ほど減り方が大きい。そのため数量の階級間格差が縮小した。単価では第４分位まで格差が拡大し，大富裕層もほとんど変化していない。つまり富裕層の方がより高いエビ・魚類をより多く消費しているが，単価格差は広がり数量格差は縮小した。

　また食肉とエビ・魚類を総合して見ると，同じ動物性蛋白食料において，富裕層ほどエビ・魚類から食肉へより大きくシフトさせている。

　野菜は全階級で数量が減少するという，異様な数字になっている。上述したFAO食料需給表ベースにおけるにわかに信じがたいほどの増加とあまりに非対称である。ここでは一応家計調査の数値を前提にすると，第２分位で減り方がやや大きい以外はどの階級も73％前後に減らしている。単価については，第２分位と第３分位で最貧困層より低くなっており，第４分位はほぼ同じ，最富裕層は若干高くなっている（格差は縮小）。

　果実についてもFAO食料需給表ベースでは相当に増えていたものが，家計調査では多少ながら減少しており，減り方の階層性もあまり見られない。

　所得増加に伴って野菜，果実の消費が減ることは一般的にはあまり見られない現象なので，より直近を含む他の年次，またより詳細な品目分類による精査が必要だが，一つの可能性として，既に見た激増した外食（支出）の場面で野菜の消費が大きく増えているのかも知れない。

　以上の家計消費支出から見た食料消費構造の変化は，全体として「米＋水産物（エビ・魚類）＋食肉＋野菜」というパターンから，「米減少＋食肉増加＋水産物減少＋野菜減少（ただし精査が必要）＋外食激増」という方向を辿っている。その階層性＝階級的食生活としては，相対的に貧困層ほど米への依存度がなお高く，動物性蛋白質食料の中で水産物の比重が高いが，このような階層性は縮小の傾向にはある。最大の変化は外食支出の激増で，貧困層ほど増加率が高いものの，その階層間格差＝「外食の階級性」が依然としてもっとも鋭い。

　こうした食生活の変化，階級的食生活の動態がベトナムの農業食料貿易構造，とくに輸入に与える影響としては，食肉の増加が国内の工場的畜産用濃厚飼料原料の輸入増加と食肉自体の輸入増加，および激増する外食が在来の伝統的料理を提供する小零細外食店でのそれから，外国資本＝多国籍アグリフードビジネスによる，あるいはそれを模倣した国内資本による現代的な大規模チェーン型外食企業へのシフトを大きな背景としているとすれば，外食化＝食生活のアメリカ化という関連が深まり，それによって「アメリカ的」「穀物複合体」的食料の輸入増加，さらに都市部を中心に急速に展開している外国資本およびその模倣的国内資本によるチェーン型スーパーマーケットおよびコンビニエンス・ストアの急増とあいまって「高度工業的・再構成可食商品」の原料や製品の輸入増加にも結びついている可能性が示唆される。

Ⅳ 対象国を中心に見た世界農業食料貿易構造の 変化と到達点

1 アメリカを中心に

　まず**表13**で1992年と2020年の実質価格ベースの輸出入総額変化を見ると（いずれも小売価格指数で2019年価格換算，以下同じ），輸出額が1.92倍に大幅増加したのに対し輸入額が2.92倍に激増したために，巨大な純輸出から巨大な純輸入へ一挙に反転したことが判る。地域・国別に見ると，対東アジアでは純輸出額が1.97倍へ大幅増加した。日本が経済停滞とその下での食料消費萎縮で輸入額を減らしたが，対中国が若干の純輸入から膨大な純輸出に転じ，対韓国の純輸出額も3.07倍に激増したためである。

　世界的に見て純輸出を増やしたのはほとんどこの対東アジアだけだが，その品目内訳では（**表14**）穀物，大豆を筆頭とする油糧種子，飼料，食肉（とくに対韓国・日本・香港・中国の牛肉，対中国・日本の豚肉），対中国・韓国・日本の乳製品（乳製品では東南アジア向けの伸びの方が大きいが），つまりアメリカ農業が直接・間接の補助金投入も重大要因として輸出力が高い（直接＝穀物・油糧種子，間接＝それらを飼料原料とする工場型畜産物），その意味での「アメリカ的」食料，あるいはこれら商品の流通・加工・輸出を寡占的・垂直統合的に掌握している多国籍アグリフードビジネスの主要取扱分野という意味での「穀物複合体」食料の東アジア向け輸出へと [14]，アメリカにとっての純輸出（黒字）領域はもっぱら特化してきているのである。

　いっぽう同じアジアでも対東南アジアでは純輸入額が1.53倍に膨らんだ。これは**表15**からうかがえるように，「その他調整加工可食品」，「魚介類調整

---

(14) 20世紀末までにアメリカで形成された穀物複合体の概念，成立過程および意義については磯田（2001）参照。

表 13　アメリカの相手地域別農業食料輸出入総額構成の変化（1992 年と 2020 年）

（単位：2019 年価格 100 万 US ドル）

			1992 年			2020 年		
			輸出額	輸入額	純輸出額	輸出額	輸入額	純輸出額
世界総計			74,771	54,402	20,368	143,366	158,752	▲ 15,387
アフリカ合計			4,284	966	3,318	4,530	3,332	1,198
アジア合計			31,012	10,404	20,607	67,637	31,741	35,896
	東アジア小計		22,200	2,629	19,571	45,755	7,151	38,604
		中国（本土）	647	1,357	▲ 710	24,113	4,878	19,235
		香港	1,368	252	1,116	2,130	131	1,998
		日本	17,700	681	17,019	11,779	1,041	10,738
		韓国	2,484	329	2,155	7,725	1,099	6,626
	その他アジア小計		3,077	580	2,498	3,153	621	2,532
	東南アジア小計		1,900	5,819	▲ 3,919	11,349	17,354	▲ 6,005
	南アジア小計		1,185	888	297	2,979	5,045	▲ 2,066
	西アジア小計		2,649	489	2,161	4,402	1,570	2,832
カリブ海・中米合計			8,783	9,009	▲ 226	25,335	40,148	▲ 14,814
	メキシコ		6,108	4,546	1,561	17,539	32,635	▲ 15,096
欧州合計			12,902	12,340	562	11,572	29,113	▲ 17,541
	欧州 EU 諸国小計		10,860	10,034	826	9,576	23,930	▲ 14,354
	欧州非 EU 諸国小計		2,043	2,306	▲ 264	1,996	5,183	▲ 3,187
旧ソ連欧州小計			3,887	151	3,736	483	1,419	▲ 936
カナダ			10,053	8,237	1,816	24,693	26,172	▲ 1,479
オーストラリア			490	2,343	▲ 1,852	1,475	3,360	▲ 1,885
ニュージーランド			110	1,653	▲ 1,543	516	2,580	▲ 2,064
南米合計			2,266	9,174	▲ 6,908	6,745	20,440	▲ 13,695
	アルゼンチン		191	992	▲ 801	106	1,658	▲ 1,552
	ブラジル		221	2,479	▲ 2,259	897	3,773	▲ 2,876
	チリ		155	1,504	▲ 1,349	994	5,403	▲ 4,409

資料：United Nations, *Comtrade*, and IMF, *International Monetary Fund, World Economic Outlook Database, April 2021.*
注：1）品目分類は，「国際統一商品分類」（Hermonaized Commodity Discription and Coding System, HS 1992とHS 2012）
　　　による。
　　2）「品目合計」には「食肉・同可食内蔵（02）」，「魚介類（水生植物除く（03）」，「乳製品・卵等（04）」，「観賞
　　　用切花・花芽（0603）」，「野菜・根茎類（07）」，「果実（08）」，「コーヒー・茶・マテ茶・香辛料（09）」，
　　　「穀物（10）」，「穀類製粉産品（11）」，「油糧作物（12）」，「動植物油脂（15）」，「食肉・魚介類調整加工
　　　品（16）」，「砂糖類・同菓子（17）」，「ココア・同調整品（18）」，「穀物・穀類製粉品・澱粉ないし牛乳の調整
　　　加工品（19）」，「野菜・果実・ナッツ等調整加工品（20）」，「その他調整加工可食品（21）」，「食品産業残渣・
　　　飼料（23）」の合計である。
　　3）欧州・アジアの旧ソ連諸国は「旧ソ連」に分類している。
　　4）本表では EU の加盟・非加盟の分類は 2021 年時点のそれにもとづいている。
　　5）IMF の小売価格指数を用いて 2019 年価格に換算した。

加工品」，「魚介類」，これらより桁が下がるが「野菜・果実・ナッツ等調整
加工品」の純輸入が激増したからである。国別には，インドネシア（とくに
魚介類と魚介類調整加工品），タイ（とくに魚介類調整加工品，野菜・果実・
ナッツ等調整加工品），ベトナム（とくに魚介類と魚介類調整加工品）が大
きい。ベトナムの場合，戦争後のアメリカとの国交回復が1995年だったため
1992年には農業食料貿易統計に現れていない。なおシンガポールからのその

表 14 アメリカの「穀物複合体」食料の相手地域別輸出入額構成（2020 年）

（単位：2019 年価格 100 万 US ドル）

	穀物 (10)	小麦 (1001)	トウモロコシ (1005)	油糧作物・同粕等 (12)	牛肉（生鮮・冷蔵＋冷凍、0201〜0202）		豚肉 (0203)	家禽肉・同内臓 (0207)	牛乳・乳製品 (0401〜0406)	
	輸出額	輸出額	輸出額	輸出額	輸出額	輸入額	輸出額	輸出額	輸出額	輸入額
世界総計	19,104	6,240	9,457	30,721	6,473	6,351	5,912	3,790	4,785	2,135
アフリカ合計	718	465	100	1,803	4	3	1	349	133	4
アジア合計	9,765	3,656	4,115	22,547	4,892	43	3,716	1,447	2,285	37
東アジア小計	6,759	1,531	3,580	17,324	4,043	43	3,560	878	892	1
中国（本土）	2,895	563	1,191	14,845	279	0	1,628	755	324	1
香港	19	1	9	40	567	0	50	94	19	0
日本	2,788	628	1,831	1,746	1,556	43	1,484	23	237	0
韓国	1,057	339	548	693	1,641	0	398	5	311	0
東南アジア小計	1,634	1,508	83	3,054	204	0	110	222	1,105	1
メキシコ	3,806	769	2,709	2,267	616	1,373	911	830	1,285	146
欧州 EU 諸国小計	299	249	12	2,442	149	58	4	4	26	1,161
カナダ	710	30	433	666	538	1,655	476	241	222	164
オーストラリア	14	0	1	53	0	1,494	222	0	118	16
ニュージーランド	18	0	7	8	2	900	29	0	69	287
南米合計	1,885	599	1,142	500	88	459	242	166	302	67

資料と注：表 13 に同じ。

表 15 アメリカの「ラグジュアリー」食料の相手地域別輸出入額構成（2020 年）

（単位：2019 年価格 100 万 US ドル）

	魚介類 (03)	野菜・根茎類 (07)	果実・ナッツ (08)		ビール (2203)	ワイン (2204)	蒸留酒 (2208)	観賞用切花・花芽 (0603)
	輸入額	輸入額	輸出額	輸入額	輸入額	輸入額	輸入額	輸入額
世界総計	17,322	12,629	14,128	19,234	5,904	5,811	8,791	1,517
アフリカ合計	68	72	209	440	1	54	3	7
アジア合計	6,533	580	5,808	1,723	26	34	124	12
東アジア小計	1,702	383	2,828	181	12	1	116	4
中国（本土）	1,414	341	829	143	3	0	10	2
日本	174	11	799	1	5	0	87	2
韓国	102	29	765	37	4	1	19	0
その他アジア小計	121	2	268	3	1	0	1	0
東南アジア小計	2,491	38	617	1,287	10	0	1	4
インドネシア	1,318	1	64	24	0	0	0	0
ベトナム	752	8	279	1,037	8	0	0	0
タイ	268	16	74	102	2	0	0	0
南アジア小計	2,135	89	1,016	58	2	0	3	0
西アジア小計	84	68	1,080	194	0	32	3	4
メキシコ	526	7,930	904	8,156	4,197	3	2,665	29
欧州合計	1,936	442	2,967	196	1,539	4,319	5,258	63
欧州 EU 諸国小計	696	431	2,672	158	1,521	4,309	3,839	62
欧州非 EU 諸国小計	1,240	11	296	38	18	10	1,419	1
旧ソ連欧州小計	901	8	88	12	2	1	142	0
カナダ	2,638	2,236	3,498	423	104	39	449	57
南米合計	3,997	662	162	5,053	2	513	35	1,309
チリ	2,250	27	44	2,050	0	243	1	6

資料と注：表 13 に同じ。

他調整加工可食品も大きいが，これは相当に周辺東南アジア諸国からの中継貿易を含むだろう。

　食料需給表で見たアメリカの平均的な食料消費パターンでは，一応「高品質・健康的・ラグジュアリー」食料に分類した魚類・海産物の消費が増えていた。しかし家計支出調査では各種加工品も全て含まれていて，明確な階層性が検出できなかった。したがってアメリカにおける，富裕層ほど消費を増やしているであろう「ラグジュアリー」食料としての生鮮的魚介類と，貧困・中間層の方が消費を増やしていると見られる加工度の高い魚介類という，2つのパターンの階級的食生活を支える上で，東南アジアが重大な役割を果たすようになっていると言えよう（生鮮的魚介類ではインドも重大）。

　さて地域別の貿易収支に戻って輸出額の地域別構成比を見ると，香港，日本，韓国の3国を除くアジア32.1％，カリブ海・中米17.7％（うちメキシコ12.2％），南米4.7％，アフリカ3.2％の合計57.7％に対し，カナダ17.2％，上記東アジア3国15.1％，欧州8.1％，オセアニア1.5％の合計41.9％である。また輸入額の構成比は，カリブ海・中米25.3％（うちメキシコ20.6％），上記東アジア3国を除くアジア18.5％，南米12.9％，アフリカ2.1％の合計で58.8％に対し，欧州18.3％，カナダ16.5％，オセアニア4.0％，上記東アジア3国1.5％の合計40.3％となっている。

　つまりアメリカを軸点に見た場合，メキシコをなおグーバル「南」に含めるなら，輸出では「北→南」が優位，輸入でも「南→北」が優位となり，「北→北」はマイナーな流れになっていることが判る。

　純輸入額が激増して巨大化した相手地域は，欧州（とりわけ欧州EU），カリブ海・中米（というよりもメキシコ），南米である。品目別に見ると，これらの地域でも穀物・油糧種子については総じて純輸出となっている。同じ「アメリカ的」ないし「穀物複合体」食料でも畜産物になると，対メキシコの豚肉・家禽肉・乳製品を除くとおおむね純輸入となっている。

　また食肉の中でも階級間格差が相対的に大きい牛肉で北米（＝カナダ），オセアニア（オーストラリアとニュージーランド），乳製品で欧州EU（主体

はチーズ），「耐久食品」「高度工業的・分解再構成可食商品」の一般的原料
である動植物油脂では東南アジア（インドネシア，マレーシア等のパーム
油），欧州EU（菜種油），カナダのカノーラ油，同じく砂糖類ではカリブ海・
中米と南米，同じく製品である穀物・製粉品・澱粉ないし牛乳の調整加工品
でメキシコ，欧州EU，カナダ，野菜・果実・ナッツ等調整加工品では東南
アジア，メキシコ，欧州EU，南米となっている。

　「健康的・ラグジュアリー」食料のこの間の実質輸入額は，魚介類が93億
ドルから173億ドルへ1.9倍化，野菜・根茎類が24億ドルから127億ドルへ5.3
倍化，果実が55億ドルから192億ドルへ3.5倍化，ビールが17億ドルから59億
ドルへ3.5倍化，ワインが21億ドルから58億ドルへ2.8倍化，蒸留酒が35億ド
ルから88億ドルへ2.5倍化となっている。

　これらの輸入先を見ると，魚介類では先ほどの東南アジア・インド以外に
南米（チリが過半），カナダ，欧州非EU（ノルウェー，アイスランド主体），
カリブ海・中米（メキシコが半分強），野菜・根茎類は輸入額の約3分の2
がメキシコ，果実の輸入額は60％がカリブ海・中南米（その7割がメキシ
コ），25％が南米（その4割がチリ），である。またこのグループに分類した
ビールでは7割がメキシコ，3割が欧州EU，ワインは4分の3が欧州EU，
残りがオセアニアと南米（アルゼンチンとチリ），蒸留酒は60％が欧州（ウ
イスキーとブランデー），30％がメキシコ（テキーラ等）という具合である。

　以上を要約すると，①第1FRでは西欧，第2FRでは日本および東アジア
NIEs（韓国，台湾等），第3FR第1局面では東南アジア新興工業諸国，同
第2局面では中国というそれぞれの歴史段階における「世界の工場」向けに
展開してきた「アメリカ的」ないし「穀物複合体」食料では，圧倒的に純輸
出を伸ばし（資本集約型超工業化農業産品の半ダンピング輸出），ほとんど
そこへ特化した。

　いっぽうアメリカ自体の階級的食生活が深化する中で，②相対的富裕層が
増大させた「高品質・健康的・ラグジュアリー食料」消費とそれを支え演出
する「企業－環境」型ないし「出所判明」型農業食料複合体の実需に対応し

70

たのは，東南アジア・インドの魚介類，カリブ海・中南米（とりわけメキシコ）の果実，野菜，ビール，テキーラ，魚介類，チリを中心とする果実，魚介類（そして食料ではないがコロンビアの切花），EUを中心とする欧州のワイン，ウイスキー・ブランデー，ビール，チーズ，魚介類（北欧）だった。

　逆に貧困層が主として増大させたと考えられる「高度工業的・再構成可食商品」「ウルトラ加工食品」とそれを支え演出した「出所不明」型農業食料複合体の実需に対応したのは，③それら諸製品の原料では，動植物油脂のカナダ（カノーラ油），東南アジア（インドネシア，マレーシア等のパーム油），欧州EU（菜種油）である。

　また④製品そのものでは，穀物・製粉品・澱粉ないし牛乳の調整加工品のカナダ，欧州EU，メキシコ，野菜・果実・ナッツ等調整加工品の欧州EU，東南アジア（タイ，フィリピン，インドネシア，ベトナム），南米，東アジア（中国）であり（対カナダは輸入額が大きいが輸出額とほぼ同じ），魚介類調整加工品の東南アジア（タイ，インドネシア，ベトナム）および中国，であった。なおその他調整加工可食品は本表分類の調整加工品のなかで最大の輸入額だが輸出額も最大で，輸入先では圧倒的にシンガポールであり，それは近隣東南アジア諸国産品の再輸出と考えられる。これらではアメリカが，あるいはアメリカにとっても東南アジア諸国（タイ，インドネシア，ベトナム）（一部は中国）を「世界の台所」と位置づけていることが判る。

　こうして，(A)アメリカにおける階級的分岐を伴った食生活の変貌によって一方での富裕層によるラグジュアリー食料消費増大と他方での貧困層による新自由主義的高度加工食料の消費増大がそれぞれの農業食料輸入激増と表裏一体で展開し，(B)アメリカ国内食生活では全体としては相対的に地位を停滞ないし低下させつつあるが，生産面では半ダンピング的に「比較優位」をますます強めている「アメリカ的」「穀物複合体」農産物を，時期別に中軸国を移動させながら「世界の工場」化をますます強める東（東南）アジアを主たるターゲットとする輸出増加へと特化させている。

　このような形態とメカニズムをつうじて，第3FRへの移行およびその局

面進化の過程で突出的な巨大輸出中心から多極的な輸出入中心の一つへと位置と比重を変えながらも，なおアメリカが世界農業食料貿易構造の旋回基軸の役割を果たしている。これが第3段階FR第2局面とその最新時のグローバル・フードレジームを財フローの面から特徴づける第一の要素となっているのである。

2　メキシコを中心に

　まずメキシコ消費者自体の食生活変化は，全体として「アメリカ化」の方向での再編であり，その内部で富裕層はアメリカの富裕層に似て「高品質・健康的・ラグジュアリー」食生活を指向し，貧困層ほど主食へ依存しつつ「熱量濃密」ないし「高度工業的・再構成食品」をより多く摂取するという，階級的食生活の分化が進行していると見られた。この「アメリカ化」基調の中心的品目は，砂糖・甘味料，小麦，乳製品，豚肉，家禽肉，植物油（大豆油，パーム油）であるが伝統的主食（トルティーヤ）の材料トウモロコシも含めて，対外依存性をますます強めている。富裕層の「ラグジュアリー」化の中心は（生鮮）果実・野菜および魚介類消費の増加と推測された。

　メキシコの農業食料貿易の強大な磁場となっているアメリカから見ると，アメリカは一方で国内消費が停滞傾向の「アメリカ的」ないし「穀物複合体」食料への輸出特化度合を強め，その輸出先としてのメキシコの重要性を高めていた。例えば穀物合計で1992年の7.7％から2020年の19.9％へ，うち小麦が1.4％から12.3％へ，トウモロコシが3.3％から28.6％へ，米が6.0％から13.0％へ，食肉合計で13.4％から15.0％へ，うち豚肉が14.8％から15.4％へ，家禽肉が16.8％から21.9％へ，牛乳・乳製品が26.0％から26.9％へという具合である。

　他方で消費を増やし富裕層ほど支出額が大きい「ラグジュアリー」食料の輸入を劇的に増やしているが，そのうち魚介類は東南アジア・インド，南米（チリが過半），カナダ，欧州非EU（ノルウェー，アイスランド主体）が主

表 16　メキシコの農業食料全体および「穀物複合体」食料の相手地域別輸出入額構成（2020 年）

（単位：2019 年価格 100 US ドル）

	品目合計			穀物(10)	小麦(1001)	トウモロコシ(1005)	油糧作物・同粕等(12)	牛肉（生鮮・冷蔵＋冷凍、0201~0202)		豚肉(0203)		家禽肉・同内臓(0207)	牛乳・乳製品(0401~0406)
	輸出額	輸入額	純輸出額	輸入額	輸入額	輸入額	輸入額	輸出額	輸入額	輸出額	輸入額	輸入額	輸入額
世界総計	37,170	25,096	12,075	4,819	891	3,048	3,555	1,513	619	869	1,290	968	1,485
アジア合計	1,973	1,064	910	5			189	92	0	772			
東アジア小計	1,808	524	1,285				85	92	0	772			
中国（本土）	573	498	75				82			233			
日本	1,039	14	1,025				1	63	0	514			
東南アジア小計	34	356	▲322	5			58						
カリブ海・中米合計	1,246	495	752		0	0	22						
欧州合計	1,104	1,257	▲153	65			69						19
カナダ	2,221	1,641	580	327	158		560	40	66	6	85		
アメリカ	28,765	18,069	10,696	4,000	716	2,830	2,237	1,381	553	92	1,205	917	1,305
南米合計	711	1,809	▲1,098	366		217	437					51	19
ブラジル	34	659	▲626	252		215	309					5	
チリ	147	510	▲364	2		2	44					46	9

資料と注：表 13 に同じ。

体だが，メキシコのシェアが野菜で60％から63％へ，果実で18％から42％へ，ビールで16％から71％へ，蒸留酒で５％から30％へと，劇的に上昇していた。

　以上からアメリカとの関係におけるメキシコ農業食料貿易構造再編の方向はかなりの程度推察がつくが，まずメキシコの農業食料貿易実質総額（2019 年価格）の到達を**表16**で見ると，総輸出額が53億ドルから372億ドルへ７倍化したのに対し，輸入が97億ドルから251億ドルへ2.6倍化だったため，45億ドルの純輸入国から121億ドルの純輸出国へ転じた。

　言うまでもなく相手国先に見れば，対アメリカで30億ドルの純輸入だったのが107億ドルの純輸出になったためである。品目分野では，野菜・根菜類の対アメリカ輸出額17ドルから81億ドルへ（純輸出は17億ドルから77億ドルへ），果実・ナッツの7.3億ドルから62億ドルへ（純輸出は5.4億ドルから53億ドルへ），ビールの2.7億ドルから41億ドルへ（純輸出は2.4億ドルから41億ドルへ），蒸留酒の1.4億ドルから22億ドルへ（純輸出は1.2億ドルから21億ドルへ）の激増が原動力であり，魚介類も4.9億ドルから5.3億ドルへ（純輸出は4.0億ドルから4.8億ドルへ）増えている（**表17**）。

　逆に「アメリカ的」ないし「穀物複合体」食料では，アメリカからの穀物合計輸入額が16億ドルから40億ドルへ，うち小麦が1.5億ドルから7.2億ドル

表 17　メキシコの「ラグジュアリー」食料の相手地域別輸出入額構成（2020 年）

（単位：2019 年価格 100 万 US ドル）

	魚介類 (03)		野菜・根茎類 (07)	果実・ナッツ (08)		ビール (2203)	蒸留酒 (2208)
	輸出額	輸入額	輸出額	輸出額	輸入額	輸出額	輸出額
世界総計	893	517	8,413	7,238	1,133	4,200	2,378
アジア合計	227	248	88	356	36	38	18
東アジア小計	214	185	37	334	7	37	16
中国（本土）	99	184	0	74	7	35	4
日本	59	1	37	236		1	12
東南アジア小計	13	63		7	4	1	1
カリブ海・中米合計	1	10	40	85	1	17	22
欧州合計	77	19	36	241	13	30	76
カナダ	6	3	61	306	1	18	22
アメリカ	527	44	8,105	6,200	892	4,038	2,174
南米合計	1	132	23	9	170		27
ブラジル			5	0	1		1
チリ		111	0	6	94		5

資料と注：表 13 に同じ。

へ，トウモロコシが3.4億ドルから28億ドルへ，米も1.1億ドルから2.9億ドルへ増えており，大豆を主体とする油糧作物・同粕等も12億ドルから22億ドルへ，いずれも著増している。また畜産物でも，食肉合計が13億ドルから31億ドルへ，うち豚肉が1.3億ドルから12億ドルへ，家禽肉が2.3億ドルから9.2億ドルへ，牛乳・乳製品が3.1億ドルから13億ドルへ，牛肉以外で激増させている。

　「高度工業的・再構成可食商品」の一般的原料である動植物油脂と砂糖類・同菓子では，双方とも純輸入国から純輸出国に転じる中で，アメリカからの輸入は前者で減少（代わってカリブ海・中米諸国とカナダからの輸入を増大），後者では著増している。また「高度工業的・再構成可食商品」以外の品目も含むと考えるべきだが，「穀物・穀類製粉品・澱粉ないし牛乳の調整加工品」，「野菜・果実・ナッツ等調整加工品」，「その他調整加工可食品」の対米輸出を激増させつつ，対米輸入も著増させている。

　以上を要するに，メキシコの農業食料貿易構造はNAFTA発効をはさんで今日までに決定的にアメリカとの関係で規定される特異な構造となり（輸出額で77％，輸入額で72％を占める），当のアメリカ国内で需要停滞に陥っている「アメリカ的」「穀物複合体」食料の格好の捌け口と位置づけられる一

方（それによって労働者・中間的階層の再生産をつうじたアメリカ系多国籍企業を含むメキシコ資本主義の蓄積支持），アメリカ国内で富裕層を中心とする「高品質・健康的・ラグジュアリー」のうち果実，野菜，アルコール飲料を中心にその消費を輸出で支える（アメリカ資本主義の中間・富裕階層の階級的再生産とそれ向けの農業食料複合体の蓄積支持）という関係に組み込まれているのである。そして両国の貧困層を中心に消費される「熱量濃密」「高度工業的・再構成可食商品」を初めとする高度調整加工品類については，両国間で棲み分け的分業＝相互貿易が存在することが示唆された。

　メキシコはアメリカがNAFTA下で構築した地域的フードレジーム下に強固に編制されており，その下でOteroが指摘した（農業食料貿易と食料安全保障の）「不均等で結合した依存」状態におかれていると言える。

　対アメリカで以上のような純輸入から大規模な純輸出へ激変した，しかしそれ以外の地域・国に対しては両年ともほとんど純輸入状態という構造は，際だって特異である。その中で注目されるのは対日貿易で輸出額を9,500万ドルから10.4億ドルへ，したがってまた純輸出額を7,200万ドルから10.3億ドルへ激増させたことである。商品分野では食肉，とりわけ豚肉（2020年5.1億ドルは輸出全体の59％を占める）と，果実・ナッツ（2020年2.4億ドル）であり，これら2分野で対日輸出の72％を占める。

　つまり日本メキシコEPA（2005年4月1日発効）およびCPTPP（2018年12月1日発効）によってNAFTAに次ぐ市場アクセスを得た日本市場に対しては，例外的と言えるほどに輸出を伸ばしているのである。

3　中国を中心に

　前述のように食料需給表からみた中国食料消費の変化は，端的にいって食肉を筆頭に植物油，動物油脂，卵，乳製品を軒並み大きく増加させ，さらに果実・野菜も増加させるという「食生活の西洋化・アメリカ化」であり，同時に旺盛な動物性蛋白食品の需要により魚類・海産物の増加も目立った。

表18　中国の農業食料全体および「穀物複合体」食料の相手地域別輸出入額構成（2019年）

（単位：2019年価格100万 US ドル）

	品目合計 輸出額	品目合計 輸入額	品目合計 純輸出額	穀物(10) 輸入額	小麦(1001) 輸入額	トウモロコシ(1005) 輸入額	油糧作物・同粕等(12) 輸入額	動植物油脂(`5) 輸入額	食肉・同可食内臓(02) 輸入額	牛肉(生鮮・冷蔵+冷凍)(0201~0202) 輸入額	豚肉(0203) 輸入額	家禽肉・同内臓(0207) 輸入額	牛乳・乳製品(0401~0406) 輸入額
世界総計	70,658	136,331	▲65,673	5,056	901	1,062	40,158	9,936	18,836	8,228	4,509	2,013	5,936
アジア合計	46,532	27,883	18,649	1,328	0	72	630	6,199	266			213	49
東アジア小計	24,066	2,713	21,353	4		0	173	19	53				22
香港	8,549	409	8,140					3					0
日本	9,706	1,097	8,608	4			74	8					0
韓国	4,673	1,073	3,600	0		0	77	7					22
東南アジア小計	16,908	20,282	▲3,374	1,071		72	390	5,584	213			213	22
インドネシア	2,151	5,594	▲3,443	0		0	210	3,956					0
マレーシア	2,896	2,440	457	0		0	3	1,501					5
フィリピン	1,967	328	1,639	0			24	55					
シンガポール	800	1,023	▲223				0	0					17
ベトナム	4,900	3,160	1,740	241			4	12					0
タイ	3,493	6,760	▲3,268	346		0	34	38	213			213	0
欧州 EU 諸国小計	6,466	15,870	▲9,405	416	130	4	239	321	4,266	54	2,717	54	1,496
旧ソ連邦（欧州）小計	2,080	6,230	▲4,150	1,177	64	907	424	1,338	143	27		116	102
カナダ	1,111	7,029	▲5,918	905	495		2,248	796	572	85	318		2
アメリカ	5,713	12,499	▲6,786	275	67	75	7,226	97	867	84	507	0	178
オーストラリア	954	7,893	▲6,939	799	55	0	158	214	2,576	1,768			544
ニュージーランド	205	8,277	▲8,073				5	45	2,157	1,065			3,395
南米合計	1,048	44,197	▲43,149	58		3	27,607	716	7,623	5,039	787	1,630	85
アルゼンチン	34	6,447	▲6,413	50		1	3,591	356	1,988	1,785	3	201	36
ブラジル	333	28,071	▲27,738	0			23,076	292	4,026	2,094	607	1,324	
チリ	250	3,435	▲3,184	1		1	88	8	427	59	178	105	9

資料と注：表13に同じ。

　それを念頭に置きつつ，最初に農業食料貿易実質総額変化の到達点を見ると（**表18**），輸出額が1992年の164.5億ドルから2019年の706.6億ドルへ4.27倍，輸入額が69.5億ドルから1,363.3億ドルへ何と19.6倍へ激増した（アメリカの場合1992年と2020年とで，それぞれ1.92倍と2.92倍だった）。その結果，95.9億ドルの純輸出国から656.7億ドルの巨大純輸入国へ大転換している（アメリカは203.7億ドルの純輸出国から153.9億ドルの純輸入国へ）。

　1992年には油糧作物も食肉も純輸出国であって，油糧作物が輸出額15.6億ドルで輸入額2.1億ドル，食肉が輸出額6.8億ドルで輸入額1.0億ドルに過ぎなかった。したがってほぼ30年の間に，世界市場に膨大な油糧作物（大豆）と食肉の輸入市場が形成されたのである。

　この膨大な市場の急速な形成に対する供給者となった国は，大豆では周知のように圧倒的にブラジル，ついでアメリカとアルゼンチン，他の油糧作物ではカナダのカノーラである。

　食肉のうち今や畜種別最大となった牛肉の場合，ブラジルが20.9億ドル・25.5％，アルゼンチンが17.8億ドル・21.7％（その他を含む南米合計で50.4億ドル・61.2％），オーストラリアが17.7億ドル・21.5％，ニュージーランドが10.7億ドル・12.9％（オセアニア合計で28.3億ドル・34.4％）である。

　豚肉は1992年には輸出入とも少額だが収支としては圧倒的に純輸出国だったのが，その輸出額が1.4億ドルのまま，輸入額がほとんどゼロから45.1億ドルと日本並みの輸入大国になった。その輸入先は欧州EUが60.3％（イギリスを加えて63.4％），北米が18.3％（うちアメリカ11.2％），南米が17.5％（うちブラジル13.5％）である。家禽肉も同様に少額の純輸出国から大輸入国化して，その輸入額20.1億ドルは日本の２倍近くとなり，その輸入先は南米81.0％が圧倒的（ブラジル65.8％，アルゼンチン10.0％）である。

　なお乳製品も供給量・熱量構成比ともに一挙に拡大している裏面で輸入を激増させ，HS4桁分類で牛肉に次ぐ多額輸入品目になっているが，その輸入先はオセアニア66.3％（うちニュージーランド57.2％），ついで欧州EU25.2％なので，草地酪農型ニュージーランドが大きいが，濃厚飼料多給型生産品輸

入という側面も持ってはいる。

　また家庭・外食用調理油になると同時に「耐久食品」「高度工業的・再構成可食商品」の一般的原料でもある動植物油脂も，その実質輸入額を9.8億ドルから99.4億ドルへ激増させ，その輸入先は東南アジアの56.2％（インドネシア，マレーシアのパーム油），旧ソ連欧州の13.5％（ウクライナ，ロシアのひまわり油），北米9.0％（カナダのカノーラ油）が主である。

　こうして中国食生活の劇的な変化＝「アメリカ的食生活」化の構成品目である畜産物，植物油消費の激増は，食肉・乳製品，油糧種子（およびパーム油），および国内で急進展する畜産工業化の飼料でもある大豆粕の原料＝大豆の急速で大規模な輸入（純輸入）国化と表裏一体である。そしてその輸入＝調達先（供給元）は，当のアメリカはもちろんだがそれだけではもはやまかなえず，南米（とりわけブラジル）を中心にオセアニア，欧州等へ多元化している。

　別のカテゴリーで中国の輸出入が巨大なプレゼンスになったのが，「高品質・健康的・ラグジュアリー」食料と分類した魚介類，野菜・根菜類，果実・ナッツである（**表19**）。

　魚介類はやはり実質輸出額は現在の５分の１だったが圧倒的純輸出国であり，輸出先は東アジア70.3％（日本49.3％，香港17.7％），アメリカ21.9％だった。それが2019年には輸出額も124.7億ドルへ大幅に増えたが，輸入額が154.1億ドルへと激増して純輸入国化した。輸出先のうち純輸出関係にある地域・国から見ると，東アジア36.1％（日本16.4％，韓国11.1％，香港7.6％），欧州EU14.9％，アメリカ10.9％となっている。いっぽう純輸入関係にある地域・国は，南米19.4％（エクアドル12.3％のほかチリ，アルゼンチン），ロシア14.2％，東南アジア15.7％（ベトナム，インドネシア），南アジア9.5％（インド，バングラデシュ）などである。

　以上から魚介類のうち輸出面では圧倒的には東アジア，副次的にはアメリカという先進資本主義国向けに供給し（後者からすれば調達され），それは中国がなお相対賃金低位が明瞭で「比較優位」をもつ市場向けである。輸入

表 19　中国の「ラグジュアリー」食料の相手地域別輸出入額構成（2019 年）

（単位：2019 年価格 100 万 US ドル）

		魚介類（03）		野菜・根茎類（07）	果実・ナッツ（08）	
		輸出額	輸入額	輸出額	輸出額	輸入額
世界総計		12,471	15,411	10,328	6,229	11,663
アジア合計		7,302	4,745	8,234	4,855	5,782
東アジア小計		4,507	472	3,488	576	19
	香港	946	14	1,635	327	2
	日本	2,041	330	1,276	143	2
	韓国	1,388	129	534	31	15
東南アジア小計		1,917	2,427	4,193	3,706	5,199
	インドネシア	105	654	547	649	24
	マレーシア	257	233	774	319	4
	フィリピン	538	89	117	339	83
	シンガポール	80	11	116	55	755
	ベトナム	252	976	1,863	1,423	885
	タイ	667	427	716	704	3,318
欧州 EU 諸国小計		1,859	788	476	318	134
旧ソ連欧州小計		266	2,211	389	344	74
カナダ		329	1,124	105	52	53
アメリカ		1,353	913	502	157	966
オーストラリア		142	711	60	38	781
ニュージーランド		21	482	15	7	530
南米合計		156	2,987	204	7	2,590
	アルゼンチン	0	365	4	0	8
	ブラジル	98	39	117	5	8
	チリ	23	462	16	1	1,957

資料と注：表 13 に同じ。

面では東南・南アジアだけではまかなえず，南米，ロシアも大きな調達源とし，「南→南」貿易的な色彩が強い。

　次に野菜は両年ともほぼ一方的な純輸出国だが，実質輸出額は19.2億ドルから103.3億ドルへ大幅に躍進している。輸出先構成は東アジア33.8％（香港15.8％，日本12.4％，韓国5.2％），東南アジア40.6％（ベトナム18.0％，マレーシア7.5％，インドネシア5.3％）の両地域で74.4％に達しており，広い意味での東アジア地域内貿易となっている。

　これらに対して果実・ナッツは実質輸出額を5.2億ドルから62.3億ドルへ大幅に増やしたのだが，輸入額が激増して116.6億ドルとなったため，アメリカの192.3億ドルにはおよばないが膨大な輸入国となった（しかもアメリカは他方で141.3億ドルを輸出しているから，中国の純輸入額51.1億ドルはアメリカを上回る）。輸入先構成は，東南アジア44.6％（タイ28.6％，ベトナム7.6％），南米22.2％（チリ16.8％），オセアニア11.2％，アメリカ8.3％となっ

表20 ブラジルの主要農業食料の相手地域別輸出入額構成 (2019年)

(単位：2019年価格 100万US ドル)

	品目合計			小麦 (1001)	トウモロコシ (1005)	大豆 (1201)	牛肉 (生鮮・冷蔵+冷凍 0201~0202)	豚肉 (0203)	家禽肉・同内臓 (0207)	野菜・果実・ナッツ等調整加工品 (20)	コーヒー・コーヒー入り代替品 (0901)	魚介類 (03)
	輸出額	輸入額	純輸出額	輸入額	輸出額	輸出額	輸出額	輸出額	輸出額	輸出額	輸出額	輸入額
世界総計	74,852	10,438	64,414	1,491	7,290	26,077	6,546	1,488	6,487	2,223	4,585	1,217
アフリカ合計	4,853	248	4,605		860	70	619	47	488	7	59	64
アジア合計	47,067	968	46,099	0	4,635	23,328	4,692	1,009	5,156	252	775	192
東アジア小計	32,244	397	31,847		1,719	20,671	3,429	872	2,559	198	442	102
中国 (本土)	25,854	375	25,479		11	20,452	2,685	619	1,238	77	22	102
日本	2,948	15	2,933		1,124	180	0	21	811	115	345	1
東南アジア小計	4,281	390	3,891		961	848	222	115	275	23	36	67
ベトナム	1,247	79	1,168		660	236	9	25	25	4	3	66
タイ	1,244	26	1,218		0	602	2	0	0	2	0	1
南アジア小計	4,032	57	3,975		1,171	962	230	1	43	1	0	0
西アジア小計	5,754	85	5,669	0	314	615	811	21	2,279	28	280	6
カリブ海・中米合計	1,590	85	1,505		627	253	17	7	281	7	85	2
欧州 EU 諸国小計	11,249	1,839	9,410	1	852	1,655	378	1	130	1,360	2,195	87
旧ソ連欧州小計	1,232	46	1,186	18		355	214	94	114	7	99	0
アメリカ	3,415	962	2,453	90	72	2	0	26	1	446	911	9
南米合計	3,369	5,798	▲2,429	1,355	216	124	566	258	144	66	116	738
アルゼンチン	550	3,235	▲2,685	1,239	4	120	27	70	5	13	51	94
チリ	934	1,003	▲69		0	0	424	99	98	19	18	605

資料と注：表13に同じ。

ている。つまり広義東アジア地域内貿易，あるいは東アジア・太平洋地域内
貿易を主軸とし，これを南米（チリ）で補完する輸入構造を構築している
（チリは今や輸入額で日本を凌駕しているワインの，欧州に次ぐ輸入先でも
ある）。

　以上を要言すると，中国は，①まず食生活変化の基本トレンドである急激
な「アメリカ的食生活」化を直接・間接に支える油糧種子（大豆），食肉，
動植物油脂を南米（ブラジル，次いでアルゼンチン），アメリカ，東南アジ
ア（パーム油）を主軸とする膨大な輸入体制を組み立てている，②次いで中
間階級，富裕層の形成にともなう「高品質・健康的・ラグジュアリー」ない
し「出所判明」型食料については，広義東アジア（先行）経済成長・先進資
本主義化諸国向け（および一部アメリカ向け）に輸出しつつ，輸入では広義
東アジア・太平洋圏を主軸とし南米を副軸とする輸入体制を組み立てている。

　これらによって階級的食生活を内包する中国諸階級の再生産を，したがっ
て「世界の工場かつ市場」となった中国の資本蓄積を支える体制が構築され
ているわけである。

　他方，③魚介類と野菜では，主として広義東アジアの先発経済成長・先進
諸国の労働者等向けの供給によってそれらの資本蓄積を支える役割も果たし
ている。

　これらはあくまで貿易の財フローから検出された諸関係にとどまるが，中
国を市場ハブとする，（A）対南米間と対北米間の「アメリカ的食生活」型あ
るいは「穀物複合体」型農業食料輸入複合体，（B）対広義東アジア・太平洋
間の魚介類輸入・輸出複合体と果実輸入複合体，（C）対広義東アジア間の野
菜輸出農業食料複合体が，形成されたことを示唆している。

4　ブラジルを中心に

　ブラジル農業食料貿易額の1992年（2019年価格）から2019年への変化の到
達点を見ると（**表20**），輸出総額が149.8億ドルから748.5億ドルへ5.0倍に激増，

輸入総額が39.1億ドルから104.4億ドルへ2.7倍に著増し，その結果純輸出総額が110.7億ドルから644.1億ドルへ5.8倍化し，世界有数の巨大輸出国，そして（この統計分類での世界比較は行なっていないが）恐らく世界トップを争う純輸出国となった。

　2019年輸出総額のうち中国（本土）だけで258.5億ドル・34.5％を占めており（1992年には1.1億ドル・0.7％），国単位はおろかどの地域区分よりも頭抜けて大きい。また中国向け輸出のうち大豆だけで204.5億ドルを占める。対するに1992年には輸出総額のうち欧州が80.0億ドル・53.4％（この対欧州輸出のうち大豆が15.4％，野菜・果実・ナッツ等調整加工品が13.8％——その主力は冷凍濃縮オレンジ果汁——，コーヒーが13.1％），アメリカが21.8億ドル・14.5％（うち同じく野菜・果実・ナッツ等調整加工品が32.7％，コーヒーが16.7％，カカオ・同調整品14.8％）だった。

　簡単に言うと，1992年時点では，米欧向けの「第1FR補助飲料」商品と第2FR終盤からブラジルの新興輸出国としての台頭を象徴した「非伝統的・高付加価値」商品である冷凍濃縮オレンジ果汁を主軸とする，世界資本主義の基軸地域の労働者向け補助的賃金財の大西洋横断および西半球南北縦断供給中心という意味では，むしろ第1FRにおける熱帯（亜熱帯）植民地に近い性格だった。

　それが現局面では，そこでの「世界の工場」たる中国への膨大な大豆供給を主軸とする，太平洋横断の巨大輸出国へ劇的にシフトしたわけである。

　その中国にトップの座を譲った次なる輸出先は欧州で，126.5億ドル・16.9％を占めている。その品目内訳では大豆，冷凍濃縮オレンジ果汁，コーヒーが主力であり，対欧州での性格は変わっていない。他方，対アメリカ輸出は34.2億ドル・4.6％へと大幅に比重を下げた。アメリカの側から見ると，野菜・果実・ナッツ等調整加工品の輸入額22.2億ドルに占めるブラジルの比重が1992年の16.3％（他では欧州23.7％，東南アジア22.1％など）から2020年の91.5億ドル中2.9％へ劇的に低下した。これはこの品目分類輸入先としてカナダ18.4％とメキシコ15.0％というNAFTA加盟国が絶対額でも比率でも

大幅に地位を上げたこと（他では欧州16.2％，東南アジア12.7％，中国10.3％），広く言えばアメリカが巨大輸入国・純輸入国化する過程は，NAFTAによってメキシコ（およびカナダ）との間で独自に強力な地域的フードレジームを構築したことの裏面である。

　2019年の輸出額で断トツの首位を占める大豆に次ぐのは，食肉の153.0億ドル・20.4％，穀物の77.8億ドル，とくにトウモロコシ72.9億ドル・9.7％である。他方，1992年に14.1％だった野菜・果実・ナッツ等調整加工品は3.0％へ，11.9％だったコーヒーは6.1％へ，8.1％だった砂糖類も7.1％へという具合であるから，全体としても，1992年にはなお植民地的熱帯・亜熱帯輸出国的色彩を残していたものが，2019年までに，大豆の巨大な位置という特質をもちつつアメリカ的，あるいは「穀物複合体」食料の輸出国へ大きく変貌したのである。なおこのうちトウモロコシでは日本が15.4％（エタノール需要激増のアメリカからの輸入先分散化），ベトナムが9.1％（工業的畜産＝アメリカ的食生活化の一端），韓国が8.0％を占めていることが注目される。

　その食肉のうち輸出額が最大の牛肉65.5億ドルの輸出先構成は，やはり中国が41.0％で断トツ（香港を合わせると52.3％），あとはカリブ海・中米12.4％，南米8.6％（チリ中心）などである。次に大きい家禽肉（ブロイラー）64.9億ドルの輸出先構成は，西アジア計の35.1％があるが中国が19.1％（香港を合わせると23.5％），日本12.5％となっている。また14.9億ドルの豚肉でも中国が41.6％（香港を合わせると56.6％）で断トツ，南米域内17.3％，旧ソ連8.9％（ロシア，ジョージア）である。

　つまり食肉輸出の面でも，巨大市場化した中国食生活のアメリカ化を支えているわけである。

　いっぽう，輸入面ではどうか。

　地域別には同じ南米が55.5％（アルゼンチン31.0％）と圧倒的に多く，次いで欧州20.9％，アメリカ9.2％となっている。ほぼこの対南米（ほとんどアルゼンチン）と対ニュージーランド（額は些少）でだけ純輸入状態（赤字）であり，断トツの中国をはじめ地球上のその他ほとんどの地域に対して純輸

表21 ベトナムの農業食料全体および「穀物複合体」「食料等の相手地域別輸出入額構成（2019年）

（単位：2019年価格100万US ドル）

	品目合計 輸出額	品目合計 輸入額	品目合計 純輸出額	小麦(1001) 輸入額	トウモロコシ(1005) 輸入額	※米(1006) 輸出額	油糧・作物・同粕等(12) 輸入額	食肉・同食用内臓(02) 輸入額	牛肉（生鮮・冷蔵+冷凍、0201〜0202）輸入額	豚肉(0203) 輸入額	家禽肉・同内臓(0207) 輸入額	牛乳・乳製品(0401〜0406) 輸入額	動植物油脂(15) 輸入額
世界総計	25,495	18,331	7,164	720	2,313	2,434	1,004	789	349	55	269	649	745
アフリカ合計	950	1,561	▲611	0	0	594	37	1			1	1	0
アジア合計	15,379	6,665	8,714		26	1,759	253	235	176	0	52	33	680
東アジア小計	9,778	1,838	7,940	0	4	333	85	46	4	0	42	3	30
中国（本土）	6,162	1,158	5,004		4	240	69	4			0	2	10
日本	1,993	277	1,717			0	9		3		0	0	9
韓国	1,195	402	793		0	29	6	42		0	42	1	11
東南アジア小計	3,718	3,691	27		20	1,201	35	0			0	28	637
カンボジア	337	561	▲224				13					5	
インドネシア	136	780	▲644			18	4					2	233
マレーシア	563	634	▲71			219	0	0				10	376
フィリピン	1,388	92	1,296		1	888	1					0	1
タイ	651	1,085	▲434		19	4	13					10	25
南アジア小計	570	809	▲239		2	2	132	188	172		9	0	6
欧州EU諸国小計	3,323	1,047	2,276	0	0	24	18	151	3	18	57	127	11
旧ソ連欧州小計	574	408	166	217		15	0	19	4		14	15	11
カナダ	412	309	103	101	1	8	68	18	6	7		8	8
アメリカ	3,346	2,096	1,251	68	17	12	312	201	74	4	112	130	7
オーストラリア	478	749	▲272	242		11	1	99	82	1	1	40	7
ニュージーランド	57	406	▲348			3	2	5	3			287	
アルゼンチン	4	3,125	▲3,121	53	1,460	0	49	4	1		2	1	14
ブラジル	72	1,400	▲1,328	23	810	0	257	49		25	23	0	0

資料と注1)～4)：表13に同じ。
なお本表は「穀物複合体」食料と言い難いので、※印を付けている。

出になっている。

　品目別には分散しているが，穀物が21.5億ドル・20.6％でトップ，うち小麦が14.9億ドル・14.3％である。穀物全体としてはこの小麦の純輸入を，急速に増産・輸出増加させているトウモロコシの純輸出が大きく超過している関係にある。次いで魚介類12.2億ドル（大幅な輸入超過でもある）が11.7％を占める。小麦の輸入先はアルゼンチンが83.1％と圧倒的，魚介類ではチリが49.7％（アルゼンチンなどを加えた南米計60.7％），欧州17.0％のほか，中国8.3％，ベトナム5.4％もある。

　ブラジルにおける小麦－パンおよび魚介類の消費増加が主として中上層によるものだとすれば，そうした階級的食生活の上向ベクトルを，これらの輸出国が担っていることが示唆される。

5　ベトナムを中心に

　FAO統計によるベトナム農業食料貿易の近年の注目すべき変化は，農産物輸出額の減少転化と輸入額の続伸による純輸入国化，およびそれを今のところ上回る魚介類の純輸出額の続伸だった（輸入額も伸びてはいる）。

　これらの構造的内実を国連Comtrade統計で検討していくが，まず2000年から2019年への変化の到達点を見ると（表21），輸出額が55.2億ドルから255.0億ドルへ4.62倍化し，輸入額が11.0億ドルから183.3億ドルへ16.7倍化している。この集計レベルではなお純輸出国だが，輸入額の増大が猛烈で，実質純輸出額も44.2億ドルから71.6億ドルへ1.62倍にとどまる。

　激増した輸入額のうち，2019年で大きなシェアを占める品目は，穀物17.6％（うちトウモロコシ12.6％，小麦3.9％），果実・ナッツ15.9％，魚介類8.6％，油糧作物・同粕等5.5％（大豆3.7％），食肉・同可食内臓4.3％，牛乳・乳製品3.5％となっている。ベトナムは農産物小分類統計では殻付きナッツを輸入して殻なしナッツを大量に輸出するという「殻むき貿易」を最大品目にしているので，これを除くと，先に見た「食生活のアメリカ化」を直接

（小麦，食肉，乳製品）・間接（飼料原料用の穀物・油糧種子）に支える品目が中心であることが判る。対2000年比でトウモロコシが63.5倍，油糧作物が7.4倍，食肉が25.0倍，乳製品が3.1倍へ著増している。

　これら輸入を激増させた「アメリカ的」「穀物複合体」食料の輸入先構成は，小麦がオーストラリア33.5％，カナダ14.0％，アメリカ9.5％，アルゼンチン7.3％，トウモロコシがアルゼンチン63.1％，ブラジル35.0％，大豆がアメリカ44.5％，ブラジル37.3％，カナダ10.0％，アルゼンチン6.8％，牛肉がインド69.1％，オーストラリア23.4％，アメリカ21.2％，家禽肉がアメリカ41.5％，欧州EU計21.1％，韓国15.7％，ブラジル8.7％，乳製品がニュージーランド44.3％，アメリカ20.1％，欧州EU計19.5％となっている。牛肉のインドを別とすれば，南米のアルゼンチン・ブラジルを主軸，北米（主にアメリカ，従にカナダ），欧州EU，オーストラリア・ニュージーランドの3地域を副軸として，「食生活のアメリカ化」を実現している。換言するとこれら諸国からの輸出とそれを担う多国籍アグリフードビジネスによって，ベトナム食生活の「アメリカ化」「工業化」「新自由主義化」形態での包摂が進行していることが示唆される。

　輸入額全体の地域構成に戻ると，2000年にはその28.5％が東南アジアから，51.9％がアジアからだったのが，2019年には東南アジア20.1％，アジア36.4％と相対的に減っている。ASEANの市場統合進展・経済共同体の深化などにもかかわらず，農業食料貿易輸入ではそのグローバル化の方が急速に進展している。換言すると世界有力輸出国・地域および多国籍アグリフードビジネスにとって，ベトナムの市場的位置が急速に上昇してきているのである。

　次に輸出面を見よう（**表22**）。

　2000年に輸出額で上位を占めていたのは，魚介類39.3％，穀物≒米18.0％，コーヒー13.5％，果実・ナッツ9.1％で，これら4品目・分野で79.9％を占めていた。2019年に同じ品目・分野は魚介類24.3％，米9.5％，コーヒー8.7％，果実・ナッツ22.4％で，合計64.9％になった。ここからまず，上位品目・分

表22　ベトナムの主要輸出品目の相手地域別構成（2019年）

（単位：2019年価格 100万 US ドル）

	魚介類 （03）	魚介類 調整加工品 （1604〜1605）	野菜・ 果実・ ナッツ等 調整 加工品（20）	穀物・穀類製粉 品・澱粉ないし牛 乳の調整加工品 （19）	コーヒー・コー ヒー入り代替品 （0901）
	輸出額	輸出額	輸出額	輸出額	輸出額
世界総計	6,205	2,182	805	724	2,219
アフリカ合計	69	13	3	4	151
アジア合計	3,723	923	532	459	489
東アジア小計	2,860	770	446	161	237
中国（本土）	1,215	17	267	66	36
日本	926	530	64	47	147
韓国	581	201	93	40	51
その他アジア小計	104	17	32	22	4
東南アジア小計	582	104	30	135	185
カンボジア	31	16	2	56	1
マレーシア	110	4	11	3	57
フィリピン	120	1	6	12	38
タイ	232	59	5	11	55
西アジア小計	129	32	20	138	13
欧州 EU 諸国小計	646	340	62	111	1,045
旧ソ連邦欧州小計	141	10	28	14	134
カナダ	143	87	30	11	10
アメリカ	896	578	117	69	228
オーストラリア	115	92	23	24	29
南米合計	137	7	1	1	31

資料と注：表13に同じ。

野のシェアが下がった（それだけ輸出品目が分散化した），魚介類・米・コーヒーの相対的地位が低下した，逆に果実・ナッツの地位が上昇したことが判る。

　これら以外でシェアが高まった主な品目は，魚介類調整加工品（2000年の0.5％から2019年の8.6％へ）を筆頭に，野菜・果実・ナッツ等調整加工品（0.6％から3.2％へ），その他調整加工可食品（0.9％から3.0％へ），穀物・穀類製粉品・澱粉ないし牛乳の調整加工品（1.6％から2.8％へ）というように，要するにより加工度の高い加工食品類である（これら4分野合計で3.6％から17.6％へ）。

　2019年にこれらの主な輸出先は，アメリカ（魚介類調整加工品と野菜・果実・ナッツ等調整加工品），日本（魚介類調整加工品），欧州（魚介類調整加工品と穀物・穀類製粉品・澱粉ないし牛乳の調整加工品），中国（野菜・果実・ナッツ等調整加工品），およびフィリピンを筆頭とする東南アジア（そ

の他調整加工可食品）である。

　従前，タイが加工・冷凍・調理済み食品類の大輸出国としての地位から「日本と世界の台所」と呼ばれたが，現局面ではベトナムがそれに続いて台頭する傾向とも読み取れる。しかし輸出向け工業主導型経済成長の継続によって賃金水準も上昇してくる中で，これらが労働集約的加工食品産業製品であるならば，やがてその比較劣位化が避けられない。ベトナムの農業純輸入国化は既に農業比較劣位化の現れとも見ることができ，調整加工食品類ともども精査が必要である。

　魚介類はその相対的地位は下げたが，それでも実質額で2000年の21.7億ドルから2019年の62.1億ドルへ2.9倍に増え，最大の地位にある。また前述FAO統計で見たように農産物では純輸入国化する中で農産物魚介類で純輸出国の地位を維持する役割も果たしている。

　そこでこの魚介類の内実をもう少し検討しておく。まず2019年のHS商品分類の「03魚介類」輸出額のうち，「0304魚のおろし身およびその他の魚の身」が46.9％を占め，これに「030617冷凍エビ」の31.6％を加えると78.5％に達する。そこでこれら2品目の輸出先構成を見ると，状況は明瞭で，ベトナムは魚おろし身と冷凍エビの両方で，アメリカ，日本，欧州の先進国および中国における，少なくとも部分的には「高品質・健康利的・高付加価値・ラグジュアリー」食料を，したがってまた富裕層ほど多く消費するという意味での階級的食生活の一環を，支える役割を増大させている（日本の食肉・魚介類消費が例外的と考えられる動きを見せているのは前述のとおり）。

　換言すると，健康志向の脱食肉化や動物性蛋白質食料摂取の多様化という意味をもつ「魚食化」（多くの先進国やグローバル富裕層にとっては「ラグジュアリー化」という階級的食生活分岐の一側面でもある）とそれを担う水産物複合体の展開のために，ベトナムの漁業，「焼畑」的エビ養殖，それらの労働集約的第一次加工業が動員され拡張されていることも示唆している。

6　日本を中心に

　日本の食料消費と食生活の階級性の動向は，①全般的な実質所得の停滞と富裕層での減少の下での食料消費・食生活の全般的萎縮傾向，②米の激減とパン・麺の増大（「小麦化」の継続）とそれらが貧困層ほど顕著な逆階層性，③牛肉から豚肉・鶏肉へのシフトを伴った「食肉化 meatification」の継続（鶏肉は正の階層性），④牛乳の富裕層ほど著しい消費減と加工乳製品の若干の逆階層性を伴った大幅支出増，⑤油脂の微減と砂糖の富裕層ほど顕著な大幅減，⑥食肉化と裏腹の生鮮魚介類の激減（富裕層ほど激しい脱「魚食」化），⑦生鮮果実，ついで生鮮野菜の全般的な著しい減少という特異な動きとその逆階層性，⑧調理食品支出の全階層的な（多少の逆階層性を伴った）激増，⑨激増しつつほとんど唯一階層差が拡大して格差も最大の外食支出，と要約できた。⑧と⑨に注目すれば，「食料消費・食生活の外部化」が極めて顕著だったことになる。

　かかる動向と農業食料貿易構造の変化の間の関連性を，示唆的にであっても導けるかに留意して，まず輸入構造から検討する。

　実質輸出入総額変化の到達点を見ると（**表23**），輸入総額が1992年の699.9億ドルから2020年の619.2億ドルへ11.5％も減少し，輸出総額は34.5億ドルから75.5億ドルへ2.2倍に増加した。輸出絶対額はなお小さいため純輸入額が大きいのではあるが，665.4億ドルから543.7億ドルへ18.3％減少した。2020年の輸入額縮小は一部コロナ禍の影響も見るべきだが，この間の食料消費の全般的萎縮を反映していると見るべきだろう。

　品目分類別には，穀物合計（75.7億ドルから57.0億ドルへ24.7％減），うち小麦（21.4億ドルから15.1億ドルへ29.7％減），トウモロコシ（41.0億ドルから32.5億ドルへ20.6％減），油糧作物・同粕等（55.8億ドルから45.4億ドルへ18.6％減少）と，穀物・油糧種子類は軒並み大きく減少している（調整加工飼料は6.8億ドルから11.1億ドルへ62.3％と著増しており，粗飼料輸入増大を

表 23　日本の農業食料全体および「穀物複合体」食料の相手地域別輸出入額構成（2020年）

（単位：2019年価格100万US ドル）

地域	品目合計			小麦 (1001)	トウモロコシ (1005)	米 (1006)		油糧作物・同粕等 (12)	食肉・同食内臓 (02)	牛肉（生鮮・冷蔵＋冷凍 0201〜0202）		豚肉 (0203)	家禽肉・同臓 (0207)	牛乳・乳製品 (0401〜0406)
	輸出額	輸入額	純輸出額	輸入額	輸入額	輸出額	輸入額	輸入額	輸入額	輸出額	輸入額	輸入額	輸入額	輸入額
世界総計	7,550	61,919	▲54,369	1,506	3,253	58	497	4,541	10,154	267	3,302	4,395	1,125	1,605
アジア合計	5,597	20,820	▲15,223	0	3	36	210	665	364	206			351	34
東アジア小計	3,324	9,532	▲6,208		0	20	66	575	10	53			0	15
中国（本土）	1,225	7,953	▲6,728		0	3	66	465	10					0
香港	1,740	186	1,554			17		110		50			0	
韓国	330	1,392	▲1,062		0			0						15
東南アジア小計	1,361	9,476	▲8,115		1	10	134	55	349	111			347	17
インドネシア	63	1,321	▲1,258		0	0		6	0	1			2	
マレーシア	106	847	▲742			0		2	2	4			0	0
フィリピン	69	1,117	▲1,047			0		0	0	3				0
シンガポール	265	431	▲166			7		0		16				16
ベトナム	441	1,585	▲1,143		0	0	0	7	0	4				0
タイ	311	4,071	▲3,760	0	0	1	133	20	347	10			345	
メキシコ	9	1,238	▲1,230		0	0		7	597	1	63	508		
欧州 EU 諸国小計	354	6,597	▲6,243	4	8	2	1	136	1,474	10	27	1,330	18	641
欧州非 EU 諸国小計	69	1,669	▲1,599			1		3	16	3	7	2		17
旧ソ連欧州小計	66	1,023	▲956		15	1		0	0		0		0	5
カナダ	92	4,072	▲3,980	550		1		1,224	1,467	2	165	1,148	0	10
アメリカ	1,000	13,265	▲12,265	707	2,077	5	285	1,739	3,296	39	1,394	1,233	23	239
オーストラリア	148	3,699	▲3,551	245	1	3	1	218	1,777	3	1,497	4		319
ニュージーランド	23	1,476	▲1,453			0		13	224	1	127		0	323
アルゼンチン	2	357	▲356		1			4	5				0	13
ブラジル	10	3,234	▲3,223		1,115			131	785	0		52	732	0
チリ	28	1,930	▲1,902		1			53	123			117	0	0

資料と注：表 13 に同じ。

反映している）。

　いっぽう食肉を見ると，牛肉が38.0億ドルから33.0億ドルへ13.2％減少したのに対し，豚肉は43.8億ドルから44.0億ドルへ３％だが増加し，家禽肉は15.6億ドルから11.3億ドルへ28.0％減少している。牛乳・乳製品は10.0億ドルから16.1億ドルへ61.0％増加している。

　以上から「アメリカ的」ないし「穀物複合体」食料は全体として実質ドルベースでの輸入額を減らす中で豚肉と乳製品は伸ばしているというように，明暗がはっきり現れている。長期的にはこれら「アメリカ的」食料におけるアメリカ依存度は下がっているが，20世紀末以降にWTO農業協定，日豪EPA，CPTPP，日EU・EPA，日米貿易協定と大きな市場開放が連発され，特にこれら輸出国ビジネスに関わる農業食料複合体側が牛肉，豚肉，乳製品の関税大幅引き下げと撤廃，低関税割当量の拡大，セーフガード発動水準の引き上げを執拗に求めて実現したことの理由でもあり，反映でもあると言える。また食生活変化との関連では，豚肉と乳製品については輸入増大との表裏関係が示唆される。

　これらを輸入先構成から見ると，2020年で小麦がアメリカ46.9％，カナダ36.5％，オーストラリア16.2％（1992年はアメリカ55.5％，カナダ27.8％，オーストラリア16.7％），トウモロコシがアメリカ63.9％，ブラジル34.4％（1992年はアメリカ81.9％，中国13.1％），油糧作物・粕がアメリカ38.3％，カナダ26.5％，中国10.2％（1992年はアメリカ48.4％，カナダ19.4％，中国10.0％）だったので，日本の「萎縮」はアメリカに最大の，次いでカナダ，オーストラリアに負の影響を与えた。ただトウモロコシはアメリカ自身のエタノールバブル政策による国内需要激増の間隙をブラジルが埋めている。

　これらから穀物・油糧種子系ではアメリカが相対的地位を低下させ，主としてカナダ，ブラジルがそれに取って代わった。

　実額著減した牛肉は2020年でオーストラリア45.4％，アメリカ42.2％（1992年はオーストラリア40.4％，アメリカ57.2％），微増の豚肉は2020年で欧州EU30.3％，アメリカ28.1％，カナダ26.1％，メキシコ11.5％（1992年は欧州

表24 日本の「高度工業化可食商品」と「ラグジュアリー」食料の相手地域別輸出入額構成 (2020年)

(単位：2019年価格 100万 US ドル)

	動植物油脂 (15)	食肉等調整加工品 (1601～1602)	魚介類調整加工品 (1604～1605)		穀物・穀類製粉品・澱粉ないし牛乳の調整加工品 (19)		野菜・果実・ナッツ等調整加工品 (20)	魚介類 (03)		野菜・根茎類 (07)	果実・ナッツ (08)
	輸入額	輸入額	輸出額	輸入額	輸出額	輸入額	輸入額	輸出額	輸入額	輸入額	輸入額
世界総計	1,384	3,172	547	2,827	794	1,356	3,509	1,348	9,827	2,288	3,484
アジア合計	841	2,434	455	2,732	631	863	2,058	1,039	3,647	1,707	1,230
東アジア小計	47	837	344	1,310	349	377	1,599	487	1,497	1,427	127
中国 (本土)	39	831	42	1,269	157	216	1,422	238	1,007	1,317	108
香港	0	0	293		173	0	1	135	56	2	0
韓国	8	5	8	41	15	161	176	111	434	108	18
東南アジア小計	724	1,593	42	1,392	178	401	344	439	1,239	185	966
インドネシア	283	0	0	196	3	21	22	17	393	22	4
マレーシア	373	1	4	2	8	62	5	23	36	0	0
フィリピン	34	0	1	69	6	2	48	20	50	15	883
シンガポール	7	0	19	0	35	160	0	20	4	0	0
ベトナム	9	11	4	502	105	59	72	174	491	31	52
タイ	19	1,581	11	620	12	96	196	185	224	94	26
メキシコ	12	31	1		1	0	52	0	76	86	317
欧州 EU 諸国小計	339	118	2	34	15	316	448	35	467	69	32
欧州非 EU 諸国小計	6	0	1	8	5	15	3	4	988	2	4
旧ソ連 (欧州) 小計	7	1	0	6	1	5	3	7	953	2	3
カナダ	38	24	5	7	14	7	29	14	310	47	39
アメリカ	41	499	67	9	106	102	593	135	1,037	179	871
オーストラリア	8	22	6	2	12	30	33	7	133	14	151
ニュージーランド	4	3	2	3	2	15	34	1	110	83	457
アルゼンチン	7	0	0	0	0	0	46	0	196	1	0
ブラジル	33	23	0	0	1	2	108	0	4	1	1
チリ	19	14		9	0	0	57	0	1,274	6	108

資料と注：表13に同じ。

EU31.3％，アメリカ15.4％，カナダ5.7％，メキシコ0.7％，ただし「アジアその他＝不明」が44.8％もある），大幅減の家禽肉は2020年でブラジル65.0％，タイ30.6％（1992年はタイ43.0％，アメリカ18.4％，ブラジル16.2％），また大幅増の乳製品は2020年で欧州EU39.9％，ニュージーランド20.1％，オーストラリア19.9％，アメリカ14.9％（1992年は欧州EU37.1％，オーストラリア23.0％，ニュージーランド22.2％，アメリカ3.8％，カナダ2.6％）である。

　したがって，畜産物のうち実質ドルベースで縮小している牛肉ではその影響を豪米両国が受けたが相対的にアメリカのダメージが大きく，多少拡大した豚肉ではEUが若干後退，アメリカ，カナダ，メキシコが躍進している。また市場が大きく広がった乳製品ではEUとアメリカがもっとも恩恵を受け，オーストラリアとニュージーランドは若干後塵を拝した。

　これらは，2000年代以降，とりわけ2010年代に続々と繰り出された日本を含むFTA/EPAが，食肉（特に牛肉と豚肉）と乳製品をめぐる，アメリカ，オーストラリア，カナダ，ニュージーランド，およびメキシコが日本市場での優位を維持しあるいは奪還するためのせめぎ合いの場と化し，結果的に全方位的に市場開放を深めたことの理由でもあり，反映でもある。

　次に「耐久食品」ないし「高度工業的・再構成可食商品」の原料と製品群を見ると（**表24**），動植物油脂が10.5億ドルから13.8億ドルへ13.3％増，砂糖・同菓子が42.1％の激減，食肉等調整加工品が5.1億ドルから31.7億ドルへ6.3倍化，魚介類調整加工品が25.0億ドルから28.3億ドルへ13.2％増，穀物・穀類製粉・澱粉ないし牛乳の調整加工品が5.4億ドルから13.6億ドルへ2.5倍化，その他調整加工可食品が7.9億ドルから16.2億ドルへ2.1倍化となっている。つまり富裕層ほど大きい砂糖の著減，全階層的な調理食品の激増という食料消費変化と，非常に照応的な変化を示している。この表裏関係はさらなる精査を要するし，調理食品と外食はすこぶる多様なので一括的な性格規定は難しいが，あえて包括すれば，顕著な階層性をともなった「食料消費の外部化」という名の食生活の「高度工業的・再構成可食商品」化と「ラグジュアリー」化が入り交じった資本による高度な包摂を，それらに関連する農業食

料輸入の大幅な増加が支え担ってきたことが示唆される。

　「高品質・健康的・高付加価値・ラグジュアリー」食料に分類した品目のうち，まず魚介類の実質ドルベース輸入額が204.0億ドルから98.3億ドルへ半分以下に激減した。同期間の重量ベース変化を農水省食料需給表で見ると，472万トンから421万トンへ11％の減少となっている。実質ドル建てでの輸入価格もかなり低下したものと見られる（なお同期間の国内生産量は848万トンから375万トンへ56％減，国内消費仕向け量は1,178万トンから724万トンへ38％減，そして年間１人当たり供給純食料は36.7kgから23.8kgへ35％減である）。

　このドル実質額激減が極度に現れているのが，アメリカ（44.4億ドルから10.4億ドルへ），タイ（16.4億ドルから2.2億ドルへ），韓国（15.6億ドルから4.3億ドルへ），インドネシア（13.2億ドルから3.9億ドルへ），カナダ（9.9億ドルから3.1億ドルへ），欧州EU（8.9億ドルから4.7億ドルへ）である。逆に増えたのがチリ（4.8億ドルから12.7億ドルの世界最大輸入先へ），欧州非EU（8.1億ドルから9.9億ドルへ，ほとんどノルウェー），ベトナム（2.9億ドルから4.9億ドルの東南アジア最大輸入先へ）であり，シェアはチリが2.4％から13.0％へ，欧州非EUが4.0％から10.0％へ，ベトナムが1.4％から5.0％へ，それぞれ大幅に躍進した。

　また中国（13.5億ドルから10.1億ドルへ），旧ソ連欧州（101.4億ドルから9.5億ドルへ，ほとんどロシア）も減少額が小さかったので，シェアを6.6％から10.3％へ，5.0％から10.0％へ，それぞれ上昇させている。

　魚介・甲殻類種別の詳細には立ち入れないが，農水省「品目別貿易実績」2019年によると，「さけ・ます（生鮮・冷蔵・冷凍）」の金額シェアはチリ61.6％，ノルウェー21.2％の２ヵ国だけで82.8％，「かつお・まぐろ類（同）」は台湾18.9％，中国12.7％，マルタ10.8％，韓国9.0％などで，80％に達するのは10ヵ国目というようにより分散的である。またベトナムが前述のように米欧日および中国に対する魚おろし身と冷凍エビの供給源として急速に台頭していた。

　家計調査での生鮮魚介類消費は逆階層的に激減し，他方外食全体は鋭い階層性を持って増加し格差も最大，調理食品も緩やかな逆階層性を持って大きく増えていた。

　これらを総合すると，生鮮魚介類の家庭内消費は激減した半面で，マグロ・サケ，エビを大量に使用する巨大化した回転寿司外食産業，および家庭用および外食業務用の調理冷凍食品（フィレオフィッシュバーガー，エビバーガー，冷凍・調理済み白身フライやエビ食品類）産業の急成長を原料面で支え動員されているのが，これら諸国からの該当魚介類輸入である。

　2019年の家計調査・二人以上世帯収入階級別・世帯員１人当たり年間支出額でピンポイントにではないが階層性を見ると，外食すしは全世帯平均で5,012円，最貧困層を100とすると最富裕層が152という明瞭な階層性があり（ただし中下位層は回転寿司店，富裕層は高級・職人寿司店を利用していることを反映している可能性もある），外食ハンバーガーはそれぞれ1,541円，100に対して251というさらなる階層性がある。いっぽう調理食品では，天ぷら・フライが全世帯平均653円で最貧困層100に対して最富裕層70の明瞭な逆階層性，冷凍調理食品は全世帯平均815円，最貧困層100に対して中間層（第３分位）の91までは逆階層的，そこから上は増えて最富裕層で107となり，冷凍調理食品のより具体的な内容が階層的に大きく異なることが考えられる（これ以上は細分できない）。

　以上から日本が，寿司とファーストフードにおける富裕層ほど消費支出の多い寿司外食ネタ魚（養殖サーモンのチリとノルウェー，マグロの台湾等多数船籍とグローバル「南」船員労働者）およびファーストフードでのフィレオフィッシュやエビバーガーという階級的食生活の上層面，スーパーマーケット等の惣菜コーナーで大量に販売される天ぷら・フライという階級的食生活の下層面，および両方の面をもつ多様な製品からなる冷凍調理食品などの，原材料としての魚おろし身（金額順位でノルウェー，チリ，アメリカ，中国，韓国とならびベトナムが８位）と冷凍エビ（同様にベトナム，インド，インドネシア，アルゼンチンまでで77％を占める）をそれぞれ配置する，農

業食料国際分業の世界的なハブの一つになっているのである。

　同じく「ラグジュアリー」食料に分類した果実・ナッツ類の実質輸入額は36.1億ドル（うちアメリカ43.6％，フィリピン22.1％）から34.8億ドル（フィリピン25.4％，アメリカ25.0％，ニュージーランド13.1％，メキシコ9.1％）へ3.5％減少した。アメリカ（柑橘類，リンゴ）の地位低下，フィリピンの若干の地位上昇（パイナップル，バナナ），ニュージーランド（リンゴ，キウイ）とメキシコ（アボガド）の台頭が目立つ。

　野菜・根菜類は23.0億ドル（中国36.2％，アメリカ25.8％，その他アジア14.6％）から22.9億ドル（中国57.5％，アメリカ7.8％，韓国4.7％，タイ4.1％，メキシコ3.8％，ニュージーランド3.6％）へ0.7％減だった。中国の地位急上昇とアメリカの急低下，および若干の輸入先分散化が見られる。詳細は立ち入れないが，農水省「品目別貿易実績」の「生鮮・乾燥果実」によると数量は2010年の189.5万トンから2019年の183.0万トンへ微減，金額（名目日本円）は2,228億円から3,471億円へ大きく増加していた（円建て名目単価の上昇）。また同じく「冷凍野菜」（HS分類で「野菜・根菜類」に含まれる）は数量が83.1万トンから109.1万トンへ31％増，金額が1,120億円から2,015億円へ80％増となっており，中国冷凍野菜の急増が明確に反映されている。

　家計調査と結びつけるなら，生鮮果実・野菜の消費減が輸入減にも反映しつつ，家計内だけでなく業務用を含めた冷凍野菜は需要増を中国依存の輸入増が支えたのである。

　以上を簡単に要約すると，①国内経済の萎縮傾向を反映して食料消費・輸入も萎縮傾向にある，②米欧以外ではもっとも先行させた「食生活のアメリカ化」の中心品目である「アメリカ的」「穀物複合体」食料は一部の畜産物（豚肉と乳製品）を除いて実質的に減少しており，その内部で長期的にはアメリカの地位が低下しつつ，米欧豪NZ等輸出諸国（を供給源とする農業食料複合体）間の競争激化が20世紀末以降のWTOやEPA群の締結ラッシュとそれらによる結果としての全方位的市場開放に反映している，③「高品質・高栄養価・ラグジュアリー」食料に分類した諸品目分野もいずれも全体とし

ては輸入を実質減少させつつ，果実・野菜ではアメリカの地位低下と，フィリピン，ニュージーランド，メキシコ（果実の場合），中国（野菜，とりわけ冷凍野菜）の台頭が顕著である，④魚介類については輸入を激減させつつも「魚食」日本の地位は失っておらず，魚おろし身や冷凍エビなど一時加工品を含む地球規模の輸入ハブの一環を占めている。

　⑤交錯した階層性（階級的食生活）を持ちながら進行する加工調理済み簡便食料志向（とりわけ調理食品消費支出の激増）に対応したそれら品目群の輸入が著増しているが，その主な輸入先は「食肉等調整加工品」でタイ，中国，アメリカ，「魚介類調整加工品」で中国，タイ，ベトナム，「穀物・穀類製粉品・澱粉ないし牛乳の調整加工品」で欧州EU，中国，韓国，シンガポール，「野菜・果実・ナッツ等調整加工品（野菜果実果汁含む）」で中国，アメリカ，欧州EU，「その他調整加工可食品」でアメリカ，欧州EU，韓国，中国，タイ，ベトナム，となっており，ここ30年ほどに比率上昇が目立つのが中国，ベトナム，タイである。日本資本主義はこれら広義東アジア（東南アジアを含む）にその「台所」を担わせる地域的フードレジームを強化していると言える。

　最後に，絶対的にはなお少額だが急速に伸ばしている輸出について，特徴を摘要しておく。

　実質ドルで2020年輸出額が多い品目とその対1992年の伸びを見ると，その他調整加工可食品の19.2億ドル（1992年4.5億ドルから4.2倍化），魚介類の13.5億ドル（7.8億ドルから74％増），穀物・穀類製粉・澱粉ないし牛乳の調整加工品の7.9億ドル（3.7億ドルから2.1倍化），魚介類調整加工品の5.5億ドル（5.7億ドルから4％減），牛肉2.7億ドル（6百万ドルから78倍化），その他醸造酒（≒日本酒）の2.3億ドル（0.5億ドルから5倍化），果実・ナッツ類の2.1億ドル（1.0億ドルから2.1倍化）となっており，他に米の0.6億ドル（50万ドルから97倍化）がある。

　農業食料輸出とその性格については既に多数の先行研究があるので，簡単な特徴だけ確認すると，第一に，（HS分類3桁なので同列に論じられない

が）魚介類を除けば最上位に並ぶのは加工品であり，さらにその一定部分は本書でいう「高度工業的・再構成可食商品」あるいは「工業的食生活」の典型食料なので国内農業との連関は希薄であること，第二に，その魚介類も含めて他の上位品目は圧倒的な純輸入の下での相対的にわずかな輸出であること，である（日本酒はそもそも対日輸出可能な国がほとんどないので例外）。言い換えると一般消費者向けおよび業務用の「安価」ないしバルキーな商品を圧倒的に輸入しておいて，基本的に在外富裕層向けの「高品質・健康・高付加価値・ラグジュアリー」食料を輸出している。第三に，このことはつまり，一応同じ「分類」にくくられる品目ではあっても，国内での階級的食生活における中下層向け農産物・食料とその諸原料は圧倒的に対外依存しながら，先進国だけでなく新興国・途上国も含めて越境的に形成されている，グローバルな階級的食生活の最上層・最上向セグメント対応「農業食料複合体」の機能を果たしているのである。

V　まとめ
―世界農業食料貿易構造の現局面の性格と「世界農業」化―

1　食生活とその階級的分化との関連でみた世界農業食料貿易構造の性格

（1）アメリカ

　アメリカの農魚介類貿易の世界第2位の輸入国化と純輸入国化が，世界農業食料貿易構造の現局面を特徴づける最大事情の第一だった。直接・間接に重度に補助金依存の穀物・大豆とそれらを飼料原料にする畜産物という「アメリカ的」ないし「穀物複合体」食料では，第1FRでは対西欧，第2FRでは日本ついで東アジアNIEs，第3FR第1局面では東南アジア新興工業諸国，そして現局面＝第3FR第2局面では中国という，歴史的に遷移する「世界の工場」へは引き続き強大な純輸出国であり，かつほとんどそこ（資本集約型超工業化農業産品の半ダンピング輸出）へ特化していた。

　つまりこれらの分野でアメリカは各歴史段階・局面での「世界の工場」における自国系多国籍企業を含む資本蓄積を支えると同時に，自国拠点の「穀物複合体」の蓄積機会を拡大・確保し続けてきているのである。

　アメリカ消費者自体の1人平均食料消費を需給表供給熱量ベースで見ると，なおも供給熱量合計もそのうち植物性食料も動物性食料も増やしているが，前者の比率が高まり後者は下がっている。そのうち穀物や乳製品は比重が低下し，食肉は微増，果実や魚類・海産物が増加している。

　アメリカはこの30年ほどで国内経済格差が大幅に拡大したことが家計調査からも観察されたが，実質支出額ベースでの階級的食生活の動向は，①穀物系食料は逆階層性を伴って減少したが，富裕層の方がパン系以外を相対的に増やしている，②食肉（生鮮・加工別が取れない）は3大肉種とも全階層的に減らしたが階級差は拡大している，③生鮮果実・野菜は全階層的に増やしているが階級格差が拡大している，④魚介類・海産物の合計支出は中下層で

増加し上層で減少したが，生鮮・加工の区別ができない，⑤外食支出は全体
として微増，中下層で増加，上層で減少したが，階級間格差自体は分類中ア
ルコール飲料に次いで大きい，⑥そのアルコール飲料支出は最富裕層でのみ
増えるという画然とした階層性みせている，と要約できた。

　このような階級的食生活の動態と農業食料貿易構造を関連付けると，(1)
富裕層が相対的に消費支出を増やした，あるいはより多く支出する「高品
質・健康的・ラグジュアリー」食料消費（富裕層・中間階層の階級的再生
産）とそれを演出・担う「企業－環境」型ないし「出所判明」型農業食料複
合体の実需に対応した（動員された）のが，東南アジア・インドの魚介類，
カリブ海・中南米（とりわけメキシコ）の果実，野菜，ビール，テキーラ，
魚介類，チリを中心とする果実，魚介類（そして食料ではないがコロンビア
の切花），EUを中心とする欧州からのワイン，ウイスキー・ブランデー，
ビール，チーズ，魚介類（北欧）の輸入急増だった（輸入先国にとってはそ
れら輸出の急増という構造変化をもたらしている）。

　(2)他方での貧困層による新自由主義的高度加工食料の消費増大とそれを
演出・担う「出所不明」型農業食料複合体の実需に対応しているのが，
(2-1)原料では動植物油脂のカナダ（カノーラ油），東南アジア（インドネシ
ア，マレーシア等のパーム油），欧州EU（菜種油），(2-2)製品では穀物・製
粉品・澱粉ないし牛乳の調整加工品のカナダ，欧州EU，メキシコ，野菜・
果実・ナッツ等調整加工品の欧州EU，東南アジア（タイ，フィリピン，イ
ンドネシア，ベトナム），南米，東アジア（中国）であり（対カナダは輸入
額が大きいが輸出額とほぼ同じ），魚介類調整加工品の東南アジア（タイ，
インドネシア，ベトナム）および中国である。ここではアメリカが，東南ア
ジア諸国（タイ，インドネシア，ベトナム）（一部は中国）を「世界の台所」
と位置づけ，それら諸国の農業食料輸出構造に大きな影響を与えている。

（2）メキシコ

　本書での食料需給表による分析をOtero（2018）の分析結果と総合すると，

メキシコの食生活は全体として「アメリカ化」の方向での再編であり，あくまでその内部でもっとも富裕な階層はアメリカの富裕層に似て「高品質・健康的・ラグジュアリー」食生活を指向し，貧困層ほど主食へ依存しつつ「熱量濃密」ないし「高度工業的・再構成食品」型食料をより多く摂取するという，階級的食生活の分化が進行していると見られた。

　そして供給熱量上位食料は9品目から12品目に「多様化」しているものの，新たに加わったものを含めてほとんどが「アメリカ的」食生活品目であり，かつ高度に輸入依存的であり，おまけにことごとくアメリカ依存一辺倒だった。

　こうした食生活再編方向と表裏一体的に，メキシコの農業食料貿易構造はNAFTA発効をはさんで今日までに決定的にアメリカとの関係で規定される特異な構造となり（輸出額で77％，輸入額で72％を占める），一方で当のアメリカ国内で需要停滞に陥っている「アメリカ的」食料とその供給を担う穀物複合体資本蓄積の格好の捌け口と位置づけられている。他方では，アメリカ国内で富裕層を中心とする「高品質・健康的・ラグジュアリー」のうち果実，野菜，アルコール飲料を中心にその消費を輸出で賄う関係に組み込まれることで，それら富裕・中間階層の階級的再生産とそれ向けの農業食料複合体の資本蓄積を支えているのである。そして両国の貧困層を中心に消費される「熱量濃密」「高度工業的・再構成可食品」を初めとする高度調整加工品類については，両国間で棲み分け的分業＝相互貿易がなされていることが示唆された。

　つまりメキシコはアメリカがNAFTA下で構築した地域的フードレジーム下に強固に編制されており，その下でOteroが指摘した（農業食料貿易と食料安全保障の）「不均等で結合した依存」状態におかれている。

（3）中国

　食料需給表からみた中国食料消費の変化は，端的にいって食肉を筆頭に植物油，動物油脂，卵，乳製品を軒並み大きく増加させ，さらに果実・野菜も増加させるという「食生活の劇的なアメリカ化」であり，同時に旺盛な動物

性蛋白食品の需要により魚類・海産物の増加も目立った。これこそが中国の世界最大の農業食料輸入国，かつ純輸入国化させた要因であり，結果でもある。

　要約すると，①まず食生活変化の基本トレンドである急激な「アメリカ的食生活」化を直接・間接に支える油糧種子（大豆），食肉，動植物油脂を南米（ブラジル，次いでアルゼンチン），アメリカ，東南アジア（パーム油）を主軸とする膨大な輸入体制を組み立てている，②次いで中間階級，富裕層の形成にともなう「高品質・健康的・ラグジュアリー」ないし「出所判明」型食料については，広義東アジア（先発）経済成長・先進資本主義化諸国向け（および一部アメリカ向け）に輸出しつつ，輸入では広義東アジア・太平洋圏を主軸とし南米を副軸とする輸入体制を組み立てている。

　これらによって階級的食生活を内包する中国諸階級の再生産を，したがって「世界の工場かつ市場」となった中国資本主義（そこには世界各地の先進資本主義諸国系多国籍企業が進出し，またグローバル・サプライチェーンを構築している）の蓄積を支える体制が構築されているわけである。

　他方，③魚介類と野菜では，主として広義東アジアの先発経済成長・先進諸国の労働者等向けの供給によってそれら諸国の資本蓄積を支える役割も果たしている。

　これらは中国を市場ハブとする，（A）対南米間と対北米間の「アメリカ的食生活」型あるいは「穀物複合体」型農業食料輸入複合体，（B）対広義東アジア・太平洋間の魚介類輸入・輸出複合体と果実輸入複合体，（C）対広義東アジア間の野菜輸出農業食料複合体が，形成されたことを示唆している。

　しかしその担い手（純粋の私的資本制的多国籍金融機関・多国籍アグリフードビジネス，中国「党営・党軍型資本主義」[15]を構成する国家・国有ファンド・国有金融機関・国有多国籍アグリフードビネスなどを統轄者とす

---

(15)　関下（2015）pp.31, 54, 121, 204など。またそのような構造をつうじた食料調達体制は中国の覇権国家的性格強化や野望の一部をなし，またそのための必要条件とも言えよう。この点，奥村（2020）も参照。

る投入財から農漁業生産・加工・流通・調理・貿易連鎖それぞれの諸アクター），それらを支える国家的および超国家的制度・機関の内実に関する分析は，全面的に残されている ⁽¹⁶⁾。

（4）ブラジル

　食料需給表から見た平均的なブラジルの食料消費変化の方向は，第一が，穀物・澱粉食料（内部ではキャッサバから小麦・米へのシフト），砂糖・甘味料と食用豆を減少させ，食肉激増，植物油・乳製品も著増という，基本的には「食生活のアメリカ化」の方向だった。第二が，「高品質・健康的・高付加価値・ラグジュアリー」食料とくくった野菜，果実，アルコール飲料，魚類・海産物の増加だった。

　家計調査統計が得られていないので推測だが，ここには全般的な食肉化・畜産化とともに，階級的食生活としては，中下層における植物油を一般的原料とする「高度工業的・再構成可食商品」の消費増，また中上層階級における野菜，果実，魚類・海産物，アルコール飲料（ブラジル伝統のサトウキビ・ラム酒よりもワイン，ビール）の消費が増えるという分岐が進行している可能性がある。

　しかしブラジルの農業食料貿易構造の決定的な変化は，中国の急激で巨大な輸入国化に供給するための，巨大輸出国・純輸出国化である。

　30年前との比較で要約すると，1990年代初頭はなお，米欧向けの「第１FR補助飲料」商品（コーヒー典型）と第２FR終盤からブラジルの新興輸出国としての台頭を象徴した「非伝統的・高付加価値」商品である冷凍濃縮オレンジ果汁を主軸とする，世界資本主義の基軸地域の労働者向け補助的賃金財の大西洋横断および西半球南北縦断供給を中心としており，その意味ではむしろ第１FRにおける熱帯（亜熱帯）植民地に近い性格だった。

　それが現局面では，そこでの「世界の工場」とその上で中上層労働者およ

(16) 第Ⅱ章第１節末尾で関説したBelesky and Lawrence（2019）やMcMichael（2020）は，そうした分析展開にひとつの手がかりを与えている。

び富裕層で急速に進展する「アメリカ的」食生活での「世界の市場化」をとげる中国への，巨大な大豆供給，さらに牛肉，家禽肉，豚肉供給を主軸とする，太平洋横断の巨大な「穀物複合体」食料輸出国へ劇的にシフトしたのである。

　この反面で欧州向けとアメリカ向けの輸出が地位低下したわけだが，対欧州では依然として大豆，冷凍濃縮オレンジ果汁，コーヒーが主力という性格が変わっていない。アメリカとの関係では，同じく冷凍濃縮オレンジ果汁その他主力品目について，アメリカ側からみて調達先がNAFTA加盟国，とりわけメキシコにシフトしたこと（アメリカのNAFTA圏地域フードレジーム構築）と表裏一体である。

　いっぽう輸入額は絶対額でも増加率でも輸出額にはるかに及ばないが，品目では主として小麦と魚介類，輸入先は前者がアルゼンチン，後者がチリとアルゼンチン（一部欧州）というように，圧倒的に南米内貿易になっており，南米諸国は世界大の巨大輸出国としてグローバル・フードレジームの強力な一環を占めるようになったと同時に，地域的フードレジームも併存させていることが示唆される。

（5）ベトナム

　ベトナムの農魚介類貿易は，農産物について1990年代から2000年代前半は輸出額が輸入額を一貫して上回りながら両者が増加し，10億ドル前後の恒常的純輸出国だった。その後輸出入額両方が加速度的な増加を辿ると同時に不安定化し，輸出額が2017年をピークに減少したのに対し輸入額が続伸して，2018年から農産物純輸入国化するという劇的な変化を見せた。しかし魚介類純輸出の続伸によって，農魚介類としては純輸出状態を維持していた。

　食料需給表からみたベトナムの平均的な食料消費の変化は，食肉を筆頭とする畜産物，油脂，砂糖・甘味料の激増を内容とする「食生活のアメリカ化」が主側面であり，これに大豆（恐らくは豆腐），野菜，魚介類の著増も伴うというベトナム的特質がある。なお食肉と淡水魚については，輸入濃厚

飼料依存型工場的畜産・養魚の急速な進展との表裏一体性が示唆される。

　そして供給熱量累積構成比80％を占める食料が4品目から10品目へ劇的に増えたが，その「多様化」した諸品目は，野菜，ナッツを除けばいずれも「アメリカ的食生活」品目であり，かつ食肉およびその飼料原料であるトウモロコシと大豆を総合すれば極端に輸入依存度を高めていた。

　家計調査統計からは，まず世帯員1人当たり実質所得が全国平均の実質所得でこの10年間に2.1倍へ著しく伸びた。しかし格差は必ずしも縮小しておらず，特に都市に対する農村の低位が平均的に縮小されず，そのため都市内部での格差は若干縮小したものの（それでも第1分位に対して第5分位は7倍以上の所得），とくに農村の低所得諸階層の低位性がかえって深まっている。

　所得階級5分位別の概要統計分析をまとめると，全体として「米＋水産物（エビ・魚類）＋食肉＋野菜」というパターンから，「米減少＋食肉増加＋水産物減少＋野菜減少（ただし精査が必要）＋外食激増」という変化を辿っている。その階層性＝階級的食生活としては，相対的に貧困層ほど米への依存度がなお高く，動物性蛋白質食料の中で水産物の比重が高いが，このような階層性は縮小の傾向にはある。最大の変化は外食支出の激増で，貧困層ほど増加率が高いものの，その階層間格差＝「外食の階級性」が依然としてもっとも鋭い。

　2000年以降の食料農業貿易構造の変化は，まず実質輸入額を激増させており，その中心にトウモロコシ，小麦，大豆をはじめとする油糧作物・同粕，食肉，乳製品という「アメリカ的」食生活を直接・間接（濃厚飼料原料）に支える品目があった。その輸入先は牛肉のインドを別にすれば，南米のアルゼンチン・ブラジルを主軸とし，北米（主にアメリカ，従にカナダ），欧州EU，オーストラリア・ニュージーランドの3地域を副軸としていた。

　これら諸国からの輸出を担う農業食料複合体によって，ベトナム食生活の「アメリカ化」，あるいは「工業化・新自由主義化」形態での包摂が進行していること，したがって多国籍企業群の進出をバネとして成長するベトナムに

おける資本蓄積も支えられている関係が示唆される。さらに食生活過程に着目すれば，激増する外食が在来の伝統的料理を提供する小零細外食店でのそれから，外国資本や模倣的国内資本による現代的な大規模チェーン型外食企業へのシフトや，都市部を中心に急速に展開している外国資本および模倣的国内資本によるチェーン型スーパーマーケットやコンビニエンス・ストアの急増とあいまった「高度工業的・再構成可食商品」の消費増大と結びついている可能性が示唆されるが，それらの精査は残された課題である。

　殻付きナッツ輸入と殻むきナッツ輸出が農産物小分類品目では最大という特殊ベトナム的現象を除くと，輸出額主力品目は魚介類，魚介類調整加工品を筆頭に，野菜・果実・ナッツ等調整加工品，その他調整加工可食品，穀物・穀類製粉品・澱粉ないし牛乳の調整加工品というように，より加工度の高い加工食品類である（これら4分野合計シェアが3.6％から17.6％へ上昇）。

　魚介類輸出は魚のおろし身（フィレ）と冷凍エビで約8割を占め，その輸出先はアメリカ，日本，欧州の先進国および中国であり，それら諸国市場において少なくとも部分的には富裕層ほど多く消費する階級的食生活を，支える役割を増大させている。換言すると，健康志向の脱食肉化や動物性蛋白質食料摂取の多様化という意味をもつ「魚食化」（多くの先進国やグローバル富裕層にとっては「ラグジュアリー化」という階級的食生活分岐の一環）とそれを担う水産物複合体の展開のために，ベトナムの漁業，「焼畑」的エビ養殖，それらの労働集約的第一次加工業が動員され拡張されていることも示唆している。

　いっぽう各種加工食品類の主な輸出先は，アメリカ（魚介類調整加工品と野菜・果実・ナッツ等調整加工品），日本（魚介類調整加工品），欧州（魚介類調整加工品と穀物・穀類製粉品・澱粉ないし牛乳の調整加工品），中国（野菜・果実・ナッツ等調整加工品），およびフィリピンを筆頭とする東南アジア（その他調整加工可食品）である。

　従前，タイが加工・冷凍・調理済み食品類の大輸出国としての地位から「日本と世界の台所」（換言すると加工調理済み簡便食料志向生活スタイルを

ますます強める先進資本主義労働者の階級的再生産を支える基盤）と呼ばれたが，現局面ではベトナムがそれに続いて台頭する傾向と読み取れる。

　しかし輸出向け工業主導型経済成長の継続によって賃金水準も上昇してくる中で，これらが労働集約的加工食品産業製品であるならば，やがてその比較劣位化が生じる可能性もある。

（6）日本

　日本の食料消費と階級的食生活の動向は，①全般的な実質所得の停滞と富裕層での減少（それらは日本資本主義自体の国内縮小再生産傾向を反映）の下での食料消費・食生活の全般的萎縮傾向，②米の激減とパン・麺の増大（「小麦化」の継続）とそれらが貧困層ほど顕著な逆階層性，③牛肉から豚肉・鶏肉へのシフトを伴った「食肉化 meatification」の継続（鶏肉は正の階層性），④牛乳の富裕層ほど著しい消費減と加工乳製品の若干の逆階層性を伴った大幅支出増，⑤油脂の微減と砂糖の富裕層ほど顕著な大幅減，⑤食肉化と裏腹の生鮮魚介類の激減（富裕層ほど激しい脱「魚食」化），⑥生鮮果実，ついで生鮮野菜の全般的な著しい減少という特異な動きとその逆階層性，⑦調理食品支出の全階層的な（多少の逆階層性を伴った）激増，⑧激増しつつほとんど唯一階層差が拡大して格差も最大の外食支出，と要約できた[17]。

　これとの関係でみた食料農業貿易構造を要約すると，①国内経済の萎縮傾向を反映して食料消費・輸入も萎縮傾向にある，②米欧以外ではもっとも先行させた「食生活のアメリカ化」の中心品目である「アメリカ的」「穀物複合体」食料は一部の畜産物（豚肉と乳製品）を除いて実質的に減少しており，その内部で長期的にはアメリカの地位が低下しつつ，米欧豪NZ等輸出諸国（を供給源とする農業食料複合体）間の競争激化が20世紀末以降のWTOやEPA群の締結ラッシュとそれらによる結果としての全方位的市場開放に反映している，③「高品質・高栄養価・ラグジュアリー」食料に分類した諸品目分野もいずれも全体としては輸入を実質減少させつつ，果実・野菜ではア

メリカの地位低下と，フィリピン，ニュージーランド，メキシコ（果実の場合），中国（野菜，とりわけ冷凍野菜）の台頭が顕著である，④魚介類については輸入を激減させつつも「魚食」日本の地位は失っておらず，魚おろし身や冷凍エビなど一次加工品を含む地球規模の輸入ハブの一環を占めている。

　⑤交錯した階層性（階級的食生活）を持ちながら進行する加工調理済み簡便食料志向（とりわけ調理食品消費支出の激増）に対応したそれら品目群の輸入が著増しているが，その主な輸入先は「食肉等調整加工品」でタイ，中国，アメリカ，「魚介類調整加工品」で中国，タイ，ベトナム，「穀物・穀類製粉品・澱粉ないし牛乳の調整加工品」で欧州EU，中国，韓国，シンガポール，「野菜・果実・ナッツ等調整加工品（野菜果汁含む）」で中国，アメリカ，欧州EU，「その他調整加工可食品」でアメリカ，欧州EU，韓国，中国，タイ，ベトナム，となっており，ここ30年はどに比率上昇が目立つのが中国，ベトナム，タイである。日本資本主義はこれら広義東アジアにその「台所」を担わせる地域的フードレジームを強化していた。

(17) 本書における各国「食生活の政治経済学」的分析は，もっぱら所得の多寡からみた「階級的食生活」の限定的な検討に終始した。これに対して，本書のベースとなった日本農業市場学会2021年度大会シンポジウム報告「国際農業食料貿易構造の現局面とメガFTA/EPA」に対するコメントで成田（2021）が，「健康志向の『高い』人々」にも，「できるだけ収穫段階に近い，したがって鮮度が高く栄養価の損なわれていない食材をバランス良く選び，自ら調理し摂取することを志向する」層がいる一方で，「細分化された特定の栄養素を摂取するためにサプリメント（≒新自由主義的高度加工食料）の消費を志向する人々もいる」と指摘した上で，「ミレニアム世代（引用者注：1980～1995年生まれ世代）・Z世代（同：1996～2015年生まれ世代）にも階級性があり得る」ことを考慮する余地があるとし，さらに「平均賃金は購買力平価ベースで30年にわたってほぼ横ばいで推移する」日本では，これら世代も（食生活に対する態度や行動も含めて）「SDG性の面で他国に対して低調である，あるいはSDG性を有する階級の形成が薄弱という」可能性の検討が必要であろうという，重要な示唆を与えている。「階級的食生活」（食生活の階級的差異）だけでなく，その「世代的・時代環境的差異」と組み合わせた食生活の政治経済学的分析高度化の必要性に賛同すると同時に，それは本書では残された課題とせざるを得ない。

　絶対的には矮小だが急速に伸びている輸出は，（ア）魚介類以外で最上位に並ぶのは加工品で，そこには「耐久食品」「高度工業的・可食商品」も多く含まれており国内農業との関連は希薄である，（イ）魚介類も含めて他の上位品目は一般消費者向けおよび業務用の安価・バルキーな商品を圧倒的に輸入しながら同じあるいは同類品目で「高価格・ラグジュアリー」商品をグローバル富裕層という階級的食生活の最上層セグメント向け農業食料複合体の機能を果たしている。

2 「世界農業」化の到達点と問題
　　─世界農業食料貿易構造分析の課題に向けて─

　1990年代以降，世界的に農産物の貿易依存度（生産額に対する貿易の比率）が高まっている（図7）。世界合計の貿易（輸出）依存度は1992年（前

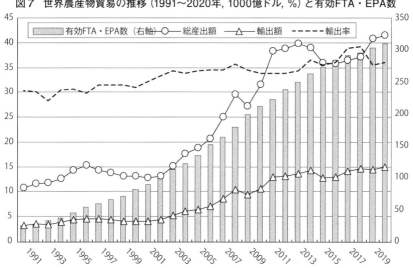

図7　世界農産物貿易の推移（1991〜2020年，1000億ドル，%）と有効FTA・EPA数

資料：FAO, *FAOSTAT Production, Trade*, and WTO, *Regional Trade Agreements Database*.
注：ここでFTA・EPAとは，WTO・1947年GATT第24条にもとづいて通知されて効力を有する「関税同盟及び自由貿易地域」であり，上記データベースに地域貿易協定（RTA）として集計されているものである。

後3ヵ年平均）29％から2019年39％へほぼ一貫して上昇している。主要大陸地域・国・経済圏（EU）別にも貿易依存度，輸出率はほとんどの場合上昇しており，その中で自給率（金額ベース）を上げているタイプ（南米，そのブラジル，オセアニア，EU28ヵ国，2000年以降反転したロシアなど）と，下げているタイプ（アフリカ，アジア，アメリカ，日本，韓国，中国など）がある。そしてさらに問題的なのが，食料純輸入途上国，低所得食料不足国，低開発途上国といった，貧困下で食料自給がままならず，また低所得ゆえに暴騰とその後の不安定性を増した国際市場への依存が食料確保（フードセキュリティ）の脆弱性を強めるリスクの高い諸国でさえ，自給率を下げながら輸出率を上げていることである。

　それと並行して2010年代以降はフードインセキュリティ人口・人口比率の高まりを見ていることが特徴であり，問題である（**図8**）。

図8　世界全体の農産物輸出率と栄養不良人口数・比率および
フードインセキュリティ人口数・比率の推移（2000〜2020年）

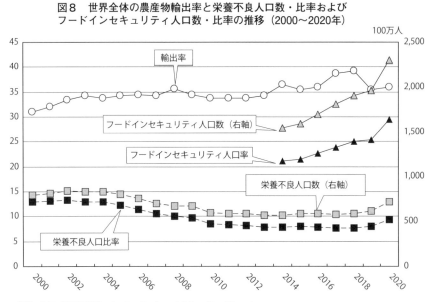

資料：FAO, *FAOSTAT Production, Trade,* and *Suite of Food Security*.
注：1）輸出率は，輸出額÷総産出額，である。
　　2）フードインセキュリティ人口比率は，Prevalence of moderate or severe food insecurity in the total populationである。

　つまりは基礎食料の国内生産が先進諸国の隠れダンピングで「比較劣位」化され，それに代わって「比較優位」で多国籍アグリフードビジネスにも有益な先進国・富裕消費者向け「高付加価値」産品の輸出換金作物への転換が推進されている事実である。

　第Ⅱ章第１節で見たように，FR論はまさにこれらの事態を，新自由主義グローバリゼーション，農業食料分野へも浸透する金融化，それらの一環としての重債務国への構造調整・債務返済強制が相まって，先進国・途上国にまたがって促迫される「世界農業」化として，現代農業食料システムの深刻な矛盾の一表現形態と捉えるのである。

　こうした指標で示される「世界農業」化は，それが自給率を100％以上で高めている，すなわち輸出国としての構造を強めている場合であっても多くの問題を抱えているが，ここでは自給率をとりわけ100％未満で下げている国や地域の抱える諸問題のうち，もっとも一般的な意味での食料安全保障，つまりナショナルなレベルでの食料確保に潜在的・顕在的不安定性を抱えている問題に言及する。

　表25は本書で取り上げた諸国のうち，既に見たように日本（前掲**表6**，p.44），メキシコ（**表8**，p.54），ベトナム（**表10**，p.60），中国（**表5**，p.42）という，現局面で供給熱量構成上重要な基礎食料（上位累積80％以上を構成する諸品目）の輸入依存度が高い諸国について，それら輸入依存度の高い品目における上位輸入先の集中状況を示したものである。

　これによると累積輸入先構成比が80％以上となる国数は，最大でも５ヵ国（日本の豚肉，ベトナムの家禽肉）であり，大半が１ヵ国ないし２ヵ国である。これはこれら諸国の食生活変化の基本方向が「アメリカ化」であり，それを支え，あるいは演出したのが「アメリカ的」「穀物複合体」食料の輸入著増だったことからすれば当然ではある。しかしそれにしても輸入先があまりにも限定されており，その潜在リスクは非常に高く，ナショナルな食料安全保障を脆弱化させていると判断せざるを得ない。

　つまり現局面における食生活の再編が「アメリカ化」，あるいは「アメリ

表25　分析対象国の輸入依存度の高い基礎食料の金額輸入先構成比80%以上の国数と国名

（輸入依存度単位：%）

	品目	トウモロコシ	大豆	小麦	豚肉	家禽肉	
日本	輸入依存度	100.0	93.4	89.3	54.4	44.5	
	80%超国数	2	2	2	5	2	
	上位国	アメリカ，ブラジル	アメリカ，ブラジル	アメリカ，カナダ	アメリカ，カナダ，スペイン，メキシコ，デンマーク	ブラジル，タイ	
	品目	大豆油＝大豆	パーム油	小麦	米	トウモロコシ	豚肉
メキシコ	輸入依存度	94.8	87.1	86.3	82.0	42.6	42.0
	80%超国数	1	4	1	3	1	1
	上位国	アメリカ	コスタリカ，グアテマラ，コロンビア，インドネシア，マレーシア	アメリカ	アメリカ，ウルグアイ，パラグアイ	アメリカ	アメリカ
	品目	小麦	大豆	トウモロコシ	（家禽肉）		
ベトナム	輸入依存度	98.6	94.6	71.5	39.1		
	80%超国数	4	2	2	5		
	上位国	オーストラリア，ロシア，カナダ，アメリカ	アメリカ，ブラジル	アルゼンチン，ブラジル	アメリカ，韓国，ポーランド，ブラジル，オランダ		
	品目	パーム油	大豆油＝大豆				
中国	輸入依存度	97.2	83.1				
	80%超国数	2	2				
	上位国	インドネシア，マレーシア	ブラジル，アメリカ				

資料：FAO, *FAOSTAT Food Balances,* and United Nations, *Comtrade.*
注：1）「基礎食料」とは FAO 食料需給表で供給熱量構成比上位累積 80%以上を構成する品目。
　　2）ベトナムの家禽肉は対外依存度 40%弱だが含めた。
　　3）金額構成比のデータ年は，日本とメキシコが 2020 年，ベトナムと中国が 2019 年である。

カ的食生活」という形態での新自由主義的食生活の浸透を重要な一側面としているならば（他の側面としては階級的食生活の分岐による「高度工業的・再構成」食料と「高品質・健康的・高付加価値・ラグジュアリー」食料の鋭い階層性を帯びた浸透），それは世界における「アメリカ的」「穀物複合体」食料の輸出国がますます少数に集約されてきた中では，必然的にナショナルな食料安全保障の脆弱化をもたらすことを意味する。

　こうした事態の要因と影響をアメリカ側に焦点を当てて見ると，以下のことが指摘できる。

　第一に，アメリカにおける穀物・油糧種子，それらを飼料原料とする主要畜産物（つまり「穀物複合体」食料）が，同国連邦農業政策による価格所得関連支持・助成プログラムによって，事実上直接および間接にダンピング輸

出されていることが大きな要因になっている。すなわちこれらの支持・助成プログラムは，生乳のマーケティングオーダー制度を除くと不足払い含む各種の直接支払政策にますますシフトしてきた。そこでこの直接支払があってこそ対象農業部門はそれぞれの時期の生産規模を維持できたと考えると，その直接支払の分だけ販売価格がダンピングされていると捉えることもできる。さらに酪農以外の畜産部門は直近のトランプ政権による対中国制裁報復補償支払（Market Facilitation Program，MFP）で肉豚が対象になった以外は直接支払の対象になってこなかったが，飼料原料穀物・油糧種子への直接支払（ダンピング）を通じて間接的に価格ダンピングがなされていると理解できる。

　この考え方にもとづいて，食料穀物・飼料作物・油糧種子・綿花（穀物等）と畜産物とに分けて1990〜2021年（2020年と2021年は予測値）についてダンピング率を概算すると（**図9**），穀物等は不足払いを廃止した1996年農業法の当てが見事に外れて価格が急落した1999年〜2001年に緊急の市場損失支払を行なって30％前後と最高水準に達した（2002年農業法で収入変動補填CCPの名で不足払いを復活）。その他でも2008〜2014年の二波にわたる価格暴騰期と，貿易制裁報復措置中にもかかわらず中国がアメリカ産を含む穀物・大豆輸入を急増させ主要輸出国での供給減が相まって国際価格が再上昇している2020年以降を除けば，ほとんど10％を下回ることがなく，対象期間平均が13.3％である。

　また畜産物の場合，上述の穀物等価格急落期に10％に達したほか3〜5％のレンジにあり，期間平均で4.3％である。

　こうしてアメリカはその「穀物複合体」食料を，直接・間接のダンピングによって人為的に「比較優位」化して輸出依存へますます傾斜させていると理解できる。このことがアメリカ自体の食料供給とアメリカをめぐる農業食料貿易諸関係に負の影響を与えているのである。

　すなわち第二に，素材的には健康的・高品質食料としてのポテンシャルを有するが，今日の新自由主義経済構造下では「ラグジュアリー」食料の性格

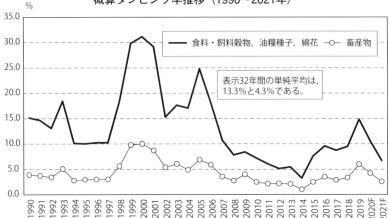

図9　アメリカ食料穀物・飼料作物・油糧種子および畜産物の
概算ダンピング率推移（1990〜2021年）

資料：USDA ERS, *U.S. and State-Level Farm Income and Wealth Statistics: Value added by U.S. agriculture*, and
do: *Federal Government direct farm program payments*, USDA FSA, *Market Facilitation Program Data*
(Last Updated: December 21, 2020)。　2020年と2021年は予測値。
注：1）概算ダンピング率＝政府支払額÷農業再生産価格（＝農産物販売額＋政府支払額）とした。畜産
物の場合，購入飼料費が「食料・飼料穀物，油糧種子，綿花」と同率でダンピングされていると
想定して，政府支払額に加えている。
　　2）うち「食料・飼料穀物，油糧種子，綿花」の販売額は飼料穀物＋小麦＋米＋綿花であり，政府支
払額は飼料穀物・小麦・米の品目別支払及び固定支払，綿花支払，ACRE，PLC，ARC，CCP，ロー
ン不足支払，マーケティングローン差額，証明交換受取，保全支払，市場損失支払，中国制裁
補償（Market Facilitation Program）のうちの一般作物分（穀物，油糧種子，食用豆，綿花。
2020年12月21日までの累積で93.75%を占める）の合計。
　　3）「畜産物」の販売額は牛乳・乳製品＋肉用家畜＋その他家畜＋家禽・鶏卵であり，「政府支払」
は酪農支払と中国制裁補償のうち畜産物（牛乳・乳製品と肉豚）分（同上3.97%）の合計。

を伴わざるを得ない（そして富裕層を中心に需要が伸びている）生鮮野菜・
果実，生鮮魚介類は，直接・間接の政府支払の，したがってダンピングの対
象となっておらず，「穀物複合体」食料の「比較優位」化の反作用も働いて，
「比較劣位」化せざるを得ない。そのことがこれら食料の輸入依存を深める
一因となっている。
　第三に，「穀物複合体」食料の巨大主産地であるアメリカ中央部（プレー
リーからグレートプレーンズ）は，このダンピングでますます「穀物複合
体」食料生産に特化・専門化しているため，一方でそれを生産する資本集約
的工業化耕種経営・畜産経営のさらなる規模拡大という構造変化が進行して

農村人口減少・コミュニティ衰退が継続している。他方で地域内・国内向けの野菜・果実など農業生産の多様性は決定的に喪失されている。これらの結果，都市貧困地区だけでなく大農業地帯・農村部でも多様な農業食料品の入手が困難になるフードデザート化に歯止めがかからない（薄井2020，第5章）。

　第四に，アメリカ「穀物複合体」食料のダンピング＝人為的「比較優位」化は，それらの世界市場価格を引き下げ，他国農業の同分野を「比較劣位」の方向に追いやる。これは少なくとも二つの相互に関連する側面で当該諸国への圧迫となる。ひとつは，それら分野での市場開放圧力を高めることである。日本との関係で例示すれば，12ヵ国TPPやトランプ政権による離脱後の日米貿易協定で特に畜産分野の猛攻勢をかけたことでも明らかである。

　いまひとつは，それら相手国が何らかの農業「振興」を図ろうとすれば，自国のフードセキュリティ，直接的生産者の所得確保，多面的機能維持などへの影響如何にかかわらず，半面で相対的に「比較優位」化する分野へのバイアスとその輸出農業化へ向かわされる圧力を被る。日本農政における「高品質」でグローバル富裕層向け品目分野限定の「輸出成長産業化」戦略を，こうした文脈で捉えることもできる。

　また当面の日本とは異なり，食料を自給しえず栄養不良まで抱えながらそれを輸入でカバーする国際収支状況にもない①低所得食料不足国，②食料純輸入途上国，③後発途上国ですら，穀物等の基礎食料の輸入依存度を高めながら（自給率を下げながら）「非伝統的農産物」の先進諸国・富裕層向け輸出を増やすという事態が世界規模で生じており（磯田2021a, pp.23-25），グローバル債務レジーム下で多額の穀物・乳製品・砂糖を輸入しながら切花類，果実・野菜類のEU諸国や中東産油諸国向け輸出を急増させたケニアを（①と②の両方に該当），別種の一事例としてあげることができる（磯田2019, pp.74-77）。

　こうした負の諸影響・諸矛盾はそれぞれの局面・スケールにおける抵抗と代替の模索を必然的に生んでおり，例えばアメリカ国内における生鮮野菜・

果実を中心としたローカルフードシステムとそれを担う環境親和型農業の形成，「穀物複合体」食料輸出圧力を受ける諸国での「国民的農業」路線の対置や「非伝統的」輸出農業へ強行的的再編がなされる途上諸国での経営内・地域内・国内自給重視型アグロエコロジー農業の追求（あるいは食料主権の追求）などがあげられる。

　同時にマクロ的にはアメリカ国内外にまたがる歪みをもたらすメカニズム自体を政治的俎上にのせることが欠かせず，それには「世界農業」化のアメリカ的形態をもたらす「穀物複合体」のダンピング政策（またそれと表裏・相補的なアグロフュエル政策），および階級的食生活の鋭角化をもたらす新自由主義的経済政策・経済構造の転換が含まれなければならない。

　かくしてアメリカ国家による「穀物複合体」食料ダンピングが生み出す，それら食料の輸入国における基本的な食料安全保障の脆弱化と，その半面でのアメリカ自身の野菜・果実をはじめとする「ラグジュアリー」食料生産の後退と輸入依存深化は，Otero（2018）が提示した「不均等で結合した依存性」の一つの重要な側面でもある。

　こうした関係が対象国だけでなく世界的に言えるのかどうか，また食生活の階級的分化として世界規模で進展していると思われる「高度工業化・再構成」食料（Oteroのいう「新自由主義食料」）と「高品質・健康的・高付加価値・ラグジュアリー」食料について同様のことが指摘できるのかどうかといった諸問題は残された課題である。

　さらに包括的にフードレジーム論における歴史段階区分に引きつけるならば，以上に析出してきた諸特徴は，第3FR第2局面の最新の特徴として捉え切れるのか，それとも一方での中国の世界最大農業食料輸入国・純入国化，およびそれを支えかつ推進する中国国家主導的農業食料輸入複合体のいっそうの台頭，他方でのアメリカの世界第2位の農業食料輸入国化およびここまでダンピング輸出に支えられてきた「穀物複合体」のうち特にトウモロコシ，ついで大豆における政策的アグロフュエル需要創出という別種の国家による市場介入再強化——それはアメリカが長年覇権的に主導してきた新自由主義

116

グローバリゼーション自体が生み出した同国内の深刻な経済的・社会的・地理的分断による権力支配正当化の動揺に対処するための，連邦政府による「穀物複合体」支持をつうじた農業利害の政治的買収負担をアメリカを含む世界の消費者・実需者に転嫁する役割をも担う——に彩られた，ポスト新自由主義的なフードレジーム登場の予兆をなすのかの解明もまた，残された大きな課題である⁽¹⁸⁾。

　最後に，本書で試みたFR論と食生活の政治経済学を結合した方法による今日の世界農業食料貿易構造把握の，より長射程の目的は，そこで展開してきた世界農業化が生み出す諸矛盾とそれへのオルタナティブを検討することである。諸矛盾の一つが，新自由主義的食料安全保障の言説と政策実践の実態的破綻であり，それが近年もたらしている世界と日本でのフードインセキュリティ状況の悪化であると考えているが，この大きな目的へのアプローチは筆者において未だほんの端緒的でしかない（磯田2023刊行予定）。

---

(18)アメリカのトウモロコシ・大豆市場が同国アグロフュエル政策と中国による大量調達によって「政策市場」化の様相を呈していることについて，磯田（2023a）を参照。

引用文献

Araghi, Fashad (2009) The Invisible Hand and the Visible Foot: Peasants, Dispossession and Globalization, Akram-Lodhi, A. Haroon. and Cristobal Kay eds., *Peasants and Globalization: Political Economy, Rural Transformation and the Agrarian Question,* Abingdon, Routledge, pp.111-147

Belesky, Paul and Geoffrey Lawrence (2019) Chinese State Capitalism and Neomercantilism in the Contemporary Food Regime: Contradictions, Continuity And Change, *The Journal of Peasant Studies* 46 (6), pp.1119-1141

Bernstein, Henry (2009) Agrarian Question from Transition to Globalization, Akram-Lodhi, A. Haroon and Cristobal Kay eds., *Peasants and Globalization: Political Economy, Rural Transformation and the Agrarian Question,* Abingdon, Routledge, pp.239-261

Bernstein, Henry (2010) *Class Dynamics of Agrarian Change*, Nova Scotia, Fernwood Publishing

Bernstein, Henry (2016) Agrarian Political Economy and Modern World Capitalism: The Contribution of Food Regime Analysis, *The Journal of Peasant Studies* 43 (3), pp.611-647

バーンスタイン, H., マクマイケル, P., フリードマン, H. ／磯田宏監訳, 清水 池義治・橋本直史・村田武訳 (2023刊行予定)『フードレジーム論と現代の農業 食料問題』筑波書房

Burch, David and Geoffrey Lawrence (2007) Supermarket Own Brands, New Foods and the Reconfiguration of Agri-food Supply Chains, Burch, David and Geoffrey Lawrence eds., *Supermarkets and Agri-food Supply Chains,* Cheltenham, Edward Elgar, pp.100-128

Burch, David and Geoffrey Lawrence (2009) Towards a Third Food Regime: Behind the Transformation, *Agriculture and Human Values* 26 (4), pp.267-279

Campbell, Hugh (2009) Breaking New Ground in Food Regime Theory: Corporate Environmentalism, Ecological Feedbacks and the 'Food from Somewhere' Regime? *Agriculture and Human Values*, 26 (4), pp.309-319

Dixon, Jane (2009) From the Imperial to the Empty Calorie: How Nutrition Relations Underpin Food Regime Transitions, *Agriculture and Human Values* 26 (4), pp.321-333

Friedmann, Harriet (1991) Changes in the International Division of Labor: Agri-food Complexes and Export Agriculture, Friedland, William, Lawrence Busch, Frederick Buttel, and Alan Rudy eds., *Towards a New Political Economy of Agriculture*, Boulder, Westview Press, pp.65-93

Friedmann, Harriet (1993) Distance and Durability: Shaky Foundation of the World Food Economy, *Third World Quarterly* 13 (2), pp.371-383

Friedmann, Harriet (2005a) From Colonialism to Capitalism: Social Movements and Emergence of Food Regime, Buttel, Frederick and Philip McMichael eds., *New Direction in the Sociology of Global Development* (Research in Rural Sociology and Development Vol. 11), Amsterdam, Elsevier, pp.227-264

Friedmann, Harriet (2005b) Feeding the Empire: The Pathologies of Globalized Agriculture, *Socialist Register* 41, pp.124-143

Friedmann, Harriet (2009) Discussion. Moving Food Regimes Forward: Reflections on Symposium Essays, *Agriculture and Human Values* 26 (4), pp.335-344

Friedmann, Harriet (2014) Food Regimes and Their Transformation, Food Systems Academy-Transcript, Food Systems Academy (http://www.foodsystemsacademy.org.uk/audio/harriet-freidmann.html (accessed on August 5, 2021)

Friedmann, Harriet (2016) Commentary: Food Regime Analysis and Agrarian Questions: Widening the Conversation, *The Journal of Peasant Studies* 43 (3), pp.671-692

Friedmann, Harriet. and Philip McMichael (1989) Agriculture and the State System: The Rise and decline of National Agriculture, 1980 to the Present, *Sociologia Ruralis* 29 (2), pp.93-117

Goodman, David, Bernardo Sorj, and John Wilkinson (1987) *From Farming to Biotechnology: A Theory of Ago-Industrial Development,* New York, Basil Blackwell

平賀緑 (2019)『植物油の政治経済学』昭和堂

磯田宏 (2001)『アメリカのアグリフードビジネス―現代穀物産業の構造再編―』日本経済評論社

磯田宏 (2016)『アグロフュエル・ブーム下の米国エタノール産業と穀作農業の構造変化』筑波書房

磯田宏 (2017)「『農業競争力強化』の本質と狙いをどう読み解くか」『農業と経済』第83巻第10号 (2017年10月臨時増刊号)、pp.30-41

磯田宏 (2019)「新自由主義グローバリゼーションと国際農業食料諸関係再編」田代洋一・田畑保編著『食料・農業・農村の政策課題』筑波書房、pp.41-82

磯田宏 (2021a)「日本におけるメガFTA/EPA路線と「世界農業」化農政の矛盾と転換方途」『立命館食科学研究』Vol.3、pp.15-34

磯田宏 (2021b)「世界農業食料貿易構造の現局面―フードレジーム論および食生活の政治経済学を援用して―」『農業市場研究』第30巻第3号、pp.3-24

磯田宏 (2023a)「米国の穀物・油糧種子産業および関連政策に関する分析」林瑞穂・野口敬夫・八木浩平・堀田和彦編『穀物油糧種子バリューチェーンの構造と日本の食料安全保障』農林統計出版、pp.61-95

磯田宏 (2023b)「アメリカ農業食料貿易の構造と政策の現局面」松原豊彦・冬木

勝仁編『世界農業市場の変動と転換』（講座　これからの食料・農業市場学第1巻）筑波書房，pp.97-120

磯田宏（2023刊行予定）「新自由主義的食料安全保障の破綻とパラダイム転換—世界農業化路線から国民的農業路線へ—」『共生社会システム研究』Vol.17, No.1

磯田宏・安藤光義（2019）「グローバリゼーション・メガFTA/EPA局面の主要国農政対応の位置と性格」『農業問題研究』第50巻第2号，pp.1-9

JETRO（2022a）「ブラジルの国家肥料計画が施行，ウクライナ情勢で懸念が高まる肥料の確保を目指す」『ビジネス短信』2022年3月22日

JETRO（2022b）「ブラジル全国肥料会議，ウクライナ情勢を受けて農業の貢献と肥料安定調達を議論」『ビジネス短信』2022年8月29日

McMichael, Philip（1991）Food, the State, and the World Economy, *International Journal of Sociology of Agriculture and Food* Vol. 1, pp.71-85

McMichael, Philip（2005）Global Development and the Corporate Food Regime, Buttel, Frederick and Philip McMichael eds., *New Direction in the Sociology of Global Development*（Research in Rural Sociology and Development Vol.11），Amsterdam, Elsevier, pp.265-299

McMichael, Philip（2009）A Food Regime Analysis of the 'World Food Crisis', *Agriculture and Human Values* 26（4），pp.281-295

McMichael, Philip（2013）*Food Regimes and Agrarian Questions*, Nova Scotia, Fernwood Publishing

McMichael, Philip（2016）Commentary: Food Regime for Thought, *The Journal of Peasant Studies* 43（3），pp.648-670

McMichael, Philip（2020）Does China's 'Going Out' Strategy Prefigure a New Food Regime? *The Journal of Peasant Studies* 47（1），pp.116-154

成田拓未（2021）「ミレニアル世代・Z世代が切り拓くフードレジームと食生活とは」『農業市場研究』第30巻第3号，pp.61-64

奥村皓一（2020）『米中「新冷戦」と経済覇権』，新日本出版社

Otero, Gerardo（2018）*The Neoliberal Diet: Healthy Profits, Unhealthy People*, Austin, University of Texas Press

関下稔（2015）『米中政治経済論』御茶の水書房

薄井寛（2020）『アメリカ農業と農村の苦悩』農山漁村文化協会

薄井寛（2021）「農村部からみるアメリカ」『経済』311号（2021年8月号），pp.78-88

Winson, Anthony（2013）*The Industrial Diet: The Degradation of Food and the Struggle for Healthy Eating*, Vancouver, University of British Columbia Press

付記：本書はJSPS科研費20H03091（代表・磯田宏）の助成を受けた研究成果の一部である。

あとがき

　この小著の成り立ちは，冒頭の脚注（1）に述べたとおりである。大会シンポジウムでの報告機会を与えていただき，またそのうちの一部を学会誌および学会企画講座本で発表したものについて，本書という，より包括的に展開した形での公表を快諾して下さった日本農業市場学会の関係各位に，厚く御礼申し上げる。

　本書で当面の取りまとめを試みたこれら一連の研究結果公表は，筆者のこれまでの経験において，もっぱら文献調査と第二次統計にもとづいて構成した，つまり明示的にせよ暗示的にせよ国内外の現場実態調査にもとづかない例外的なものである。それは良くも悪くも現場調査を行なう機会を奪われたコロナ禍の「産物」である。それゆえの重大な限界については，少なからず自覚しているつもりだが，現場からの遊離を強いられた環境ゆえに些少なりともこれまでとは違った「何か」を提示できたところがあるとすれば，望外の喜びである。

　自らはそのような発想がなかったにもかかわらず，本書を単著としてまとめて学界に問うてはどうかという趣旨の助言を下さったのは，この間共同研究者としていつも新鮮で強い刺激を与えてくれている高梨子文恵氏（東京農業大学）であり，深く感謝申し上げる。

　さらに遡ると，筆者がフードレジーム論に「遭遇」する最初のきっかけを与えて下さった京都大学経済学部「現代農政研究会」の中野一新京都大学誉教授，村田武九州大学名誉教授，松原豊彦立命館大学教授，久野秀二京都大学教授をはじめとするメンバー各位，グローバルな農業食料国際分業問題について執筆機会を与えていただいた田代洋一横浜国立大学・大妻女子大学名誉教授，そしてJSPS外国人研究者招聘事業に応じて九州大学や農業問題研究学会等での国際学術交流に貢献し，かつ筆者のフードレジーム論と食生活の政治経済学の結合という試みを励ましてくれたHugh Campbell教授（University of Otago, New Zealand）にも，深い感謝の意を表したい。

　またいつものように，鶴見治彦社長率いる筑波書房には，非常なる無理を
お願いして本書刊行のために多大のお骨折りをいただいたことも，重ねてお
礼申し上げる。

　最後に私事であって大変恐縮ながら，大正生まれ故にそもそも（旧制）大
学での学びへの挑戦すらできなかったことを最後まで悔やみつつも，敗戦後
の時代を走り抜いて2022年12月に永眠した母・磯田春子への感謝と供養の意
を記すことをお許しいただきたい。

著者略歴

磯田　宏（いそだ　ひろし）

九州大学大学院農学研究院教授
1960年埼玉県生まれ
1982年九州大学農学部卒業
2000年博士（農学）（九州大学論文博士）
（財）九州経済調査協会，佐賀大学経済学部を経て，現職

主著
『アメリカのアグリフードビジネス－現代穀物産業の構造分析－』（単著）日
　本経済評論社，2001年
『政権交代と水田農業』（共著）筑波書房，2011年
『アグロフュエル・ブーム下の米国エタノール産業と穀作農業の構造変化』
　（単著）筑波書房，2016年

世界農業食料貿易構造把握の理論と実証
フードレジーム論と食生活の政治経済学の結合へ向けて

2023年6月2日　第1版第1刷発行

著　者　　磯田 宏
発行者　　鶴見 治彦
発行所　　筑波書房
　　　　　東京都新宿区神楽坂2－16－5
　　　　　〒162－0825
　　　　　電話03（3267）8599
　　　　　郵便振替00150－3－39715
　　　　　http://www.tsukuba-shobo.co.jp
　　　　定価はカバーに示してあります

印刷／製本　中央精版印刷株式会社
© 2023 Printed in Japan
ISBN978-4-8119-0653-9 C3061